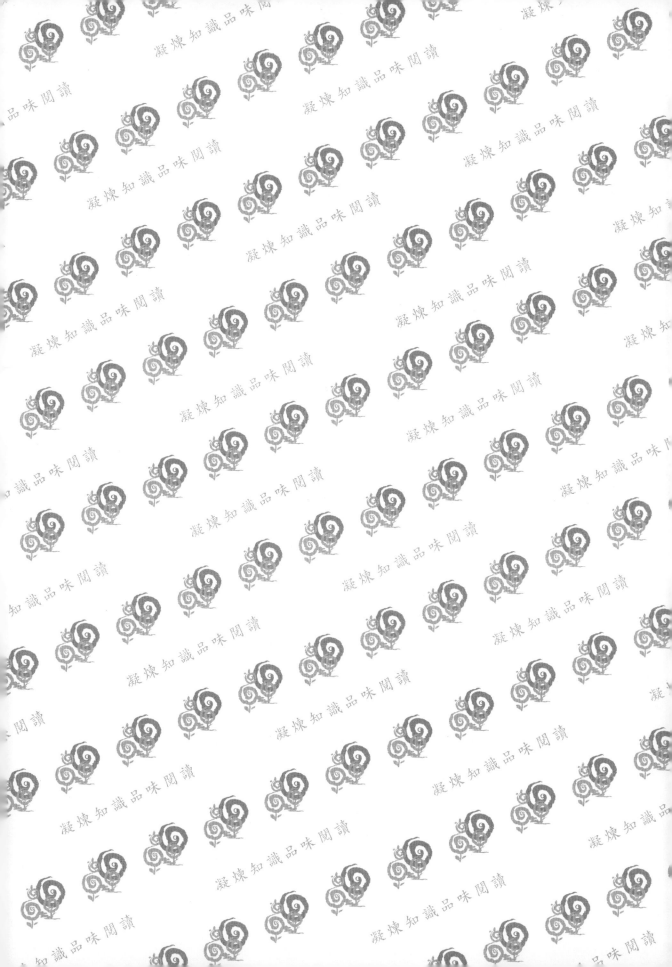

作物害蟲圖說
與天敵防治

五南圖書出版公司 印行

唐立正　唐政綱　段淑人

編著

緒　言

　　臺灣地區屬以熱帶氣候，四季分明加上農友之栽培技術精進，蔬菜水果在不同季節皆可生產。如：蔬菜主要以冬季十字花科蔬菜為主要大宗，進年來因梨山地區高冷蔬菜栽培區之開發，已彌補夏季供需之不足。但近年來消費多樣化之風潮，也使短期作之設施栽培蔬菜成為另類消費之蔬菜種類。而此種栽培方式，主要目的為藉由設施之結構阻斷害蟲之入侵，以減少農藥的使用，達到清潔蔬菜的品質，進而生產生機飲食之有機蔬菜栽培的目的。但礙於耕地面積有限，及設施成本的投入，農民皆採連作及密集栽培。因此，害蟲也隨栽培區之開發擴展其分布，危害範圍也日趨複雜。而在栽培區上危害之害蟲的發生亦非常迅速，因這些害蟲個體較小、生活史短、具特殊之生活習性、不易被發現、容易被疏忽，在短時間內其族群數目即可達到經濟危害限界，而造成經濟損失。較常見的種類主要以小型昆蟲如蚜蟲類、番茄斑潛蠅、銀葉粉蝨、黃條葉蚤、南黃薊馬、細蟎及二點葉蟎等（王，1996）；蔬菜跳蟲則屬區域性發生的害蟲，鱗翅目害蟲則以小菜蛾密度較高，大菜螟及菜心螟為偶發性害蟲，其他如甜菜夜蛾、斜紋夜蛾、番茄夜蛾、紋白蝶、切根蟲及擬尺蠖等在密閉完善的設施中較不常發現。在設施中發生的害蟲，常因食物充足，氣溫適中，密度在短時間內快速升高，若防治不當除造成經濟損失外，且易篩選出抗藥性品系（陶及李，1951；馮等，2000）。因此，在防治上則需特別小心謹慎。如何正確診斷及對症下藥，避免亂槍打鳥，重複用及用藥過量。必須考慮農藥殘留問題及嚴守安全採收期。茲將目前常見作物之重要害蟲依其生活史、危害及生態習性簡要介紹如下，以供鑑別及防治之參考。

CONTENTS・目錄

緒言

CHAPTER 1

十字花科害蟲

中文名稱	小菜蛾
英文名稱	Diamond-back moth
學名名稱	*Plutella xylostella*
俗名名稱	吊絲蟲
分類地位	鱗翅目菜蛾科

生　活　史　卵　　期：3.49±1.20 天。

　　　　　　幼蟲期：8.24±1.80 天。

　　　　　　蛹　　期：5.10±2.09 天。

　　　　　　成　　蟲：雄 7.19±2.85 天，雌 7.30±2.61 天。

危　　　害　成蟲把卵分散產在葉片上。幼蟲取食葉肉，留下表皮呈窗孔狀。在植株幼苗取食心葉，一年 10-20 世代，生活史短、易產生抗藥性。

型　　　態

▌ 成蟲

幼蟲

田間危害狀

中文名稱	紋白蝶
	緣點紋白蝶
英文名稱	Imported cabbage worm
	Cabbage worm
學名名稱	*Pieris rapae crucivora*
	Pieris canidia sodida
俗名名稱	青蟲
分類地位	鱗翅目菜蝶科
生 活 史	卵　　期：5-7 天。
	幼蟲期：21 天。
	蛹　　期：13 天。
	成　　蟲：1-25 週。

危　　害　幼蟲蟲體均爲綠色，緣點粉蝶的體毛長些，體上黑點及背線（鮮黃色）均較白粉蝶明顯。通常喜食葉上近主脈而介於兩支脈間的葉肉部分，因而行成大孔。幼蟲食量高，受害的菜株只剩葉脈，受害的植株葉基較近莖處可發現大堆的綠色蟲糞。蛹爲淺綠色，化於葉片上，或田邊之牆角及牆上。

型　　態

▋ 危害狀

▎ 幼蟲

▎ 卵

▎ 蛹

▎ 成蟲

中文名稱	擬尺蠖
英文名稱	Cabbage looper
學名名稱	*Trichoplusia ni*
俗名名稱	造橋蟲
分類地位	鱗翅目夜蛾科
生 活 史	卵　期：2-3 天。
	幼蟲期：14-16 天。
	蛹　期：8 天。
	成　蟲：14 天。
危　　害	卵為散生，產於葉上。卵期約為 2-3 天。幼蟲易於辨認，老熟幼蟲長約 2.5-3 公分。無驚擾時常棲息於葉背或陽光不直射的葉面。行走時，先以前三足附著葉面，弓身收起後半部，再以後兩足固定，然後前半部伸出如同測量長度狀，所以稱為尺蟲。四、五齡幼蟲食量很大，取食葉片呈大孔狀，並排泄綠色蟲糞於葉上。
型　　態	

▌成蟲

幼蟲

中文名稱	大菜螟
英文名稱	Cabbage pyralid
學名名稱	*Crocidalomia binotalis*
俗名名稱	無
分類地位	鱗翅目螟蛾科
生活史	卵　期：4-5天。
	幼蟲期：8-12天。
	蛹　期：7-10天。
	成　蟲：8.3天。
危　害	成蟲產卵於寄主植物葉背，白色，呈鱗狀排列。幼蟲綠色，體上有白色縱線五條，兩側有粗灰的褐色縱線。幼蟲危害，初孵化的幼蟲聚集葉背，啃食表皮及葉肉留下透明之表皮如窗孔狀。三齡以後開始分散，鑽入葉株的新葉或甘藍球內取食。幼蟲也會蛀入採種的種莢，牽絲結葉在其中蛀食，受害處往往有蟲絲連結的蟲糞汙染葉部。
型　態	

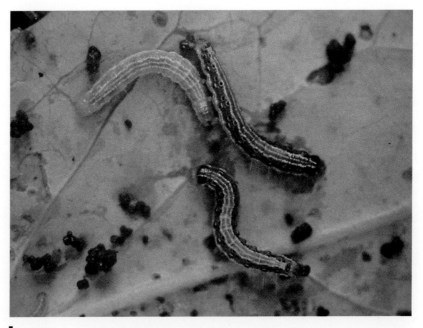

幼蟲

中文名稱	菜心螟
英文名稱	Cabbage webworm
學名名稱	*Hellula undalis*
俗名名稱	鑽心蟲
分類地位	鱗翅目螟蛾科
生 活 史	卵　期：3.1 天。
	幼蟲期：10.8 天。
	蛹　期：5.6 天。
	成　蟲：平均 4 天。
	世代需時 24.1 天。
危　　害	雌蟲沿葉脈產卵，蛀入菜心或葉上基部食害。糞便排出於蛀孔外，於春冬季節危害最烈，老熟幼蟲在土中作繭化蛹。特別喜愛蛀食心芽或葉柄，蟲糞堆於蛀孔上，致受害部位萎凋，或莖生側芽。
型　　態	

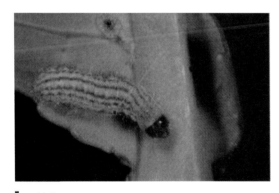

 幼蟲

▌ 危害狀

中文名稱	黃條葉蚤
英文名稱	Sripped flea beetle, Turnip flea beetle
學名名稱	*Phyllotreta striolata*
俗名名稱	茶跳仔、茶龜仔、黃龜仔、跳蚤、葉蚤或硬殼龜仔
分類地位	鞘翅目金花蟲科

生　活　史　卵　期：冬季約 6.0-7.1 天，夏季約 3.0-4.3 天。

幼蟲期：冬季約 9.8 天，夏季約 4.0 天。

蛹　期：冬季約 9.8 天，夏季約 4.0 天。

成　蟲：冬季約 50-60 天，夏季約 20-30 天。

危　　害　卵產於植株之根際或根附近之土中，粒粒分散，孵化後之幼蟲具土棲性，潛入土中啃食根部，致使植株生長不良或失去商品價值。老熟幼蟲在土中化蛹，羽化後，成蟲爬出土面並危害地上部，繼續其繁殖。成蟲啃食葉片，通常自上表皮啃食而殘留下表皮，偶亦會自下表皮啃食，受害葉片初呈點點食痕，長大後則成大蟲孔而失去商品價值。苗期受害則影響植株發育，蟲口密度高且危害嚴重時常導致廢耕。

型　　態

▌成蟲

對大白菜危害

對芥藍菜危害

中文名稱	桃蚜
英文名稱	Green peach aphid
學名名稱	*Myzus persicae* (Sulzer)
俗名名稱	龜神
分類地位	半翅目蚜蟲科

生態習性 週年發生，每年可繁殖 30-40 代，喜低溫乾燥。20℃約每 12 天即可完成一世代，30℃為桃蚜臨界高溫。成蟲行孤雌胎生繁殖，可產生 100 隻以上的若蟲。室外怕雨，喜歡乾燥或設施栽培的環境，發生盛期在 10 月至翌年 3 月。

生 活 史 卵　　期：胎生。

若蟲期：6.4-8.0 天。

蛹　　期：無。

成　　蟲：22.6 天。

危　　害 若蟲由雌蟲胎生而來，蚜蟲的體型甚小。發育期，以刺吸式口器危害作物，顏色有黃色、淡綠色及紅色隨寄主植物而變。通常聚食葉片、嫩芽、果實凹下或隱蔽處，成群吸食危害。十字花科蔬菜受桃蚜危害最烈，幼苗期受害，很快就枯萎而死。並可分泌蜜露引發煤汙病，阻礙光合作用，引響植物生長發育。

型　　態

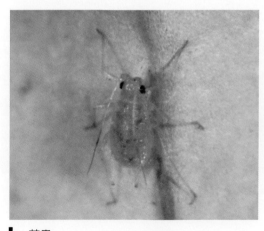

▌若蟲

中文名稱　僞荣蚜

英文名稱　Turnip aphid

學名名稱　*Lipaphis erysimi*

俗名名稱　芥荣蚜、龜神、苔仔、青苔仔

分類地位　半翅目蚜蟲科

生態習性　臺灣地區全年皆可出現，較喜歡高溫乾燥的環境，雨季較少發生。有翅成蟲於苗期侵入，本蟲繁殖迅速，7-8 天即可完成一個世代，當族群擁擠時則產生有翅成蟲進行遷移。

生 活 史　卵　期：胎生。

　　　　　幼蟲期：7-8 天。

　　　　　蛹　期：無。

　　　　　成　蟲：7-10 天。

危　　害　在心葉處以胎生方式產下無翅若蚜，集體吸食汁液，造成心葉變形枯萎不展，苗期受害嚴重發育受阻，影響產量。成蟲、若蟲大多聚集於植物葉背取食危害，同時分泌蜜露引發煤病影響光合作用，且汙染葉片影響品質。

型　　態

▎成蟲及若蟲

中文名稱	猿葉蟲
英文名稱	Mustard leaf beetle
學名名稱	*Phaedon brassicae* (Baly)
俗名名稱	烏殼蟲、白菜掌葉甲，幼蟲叫肉蟲、彎腰蟲
分類地位	鞘翅目金花蟲科

生態習性　近年簡易設施內嚴重發生。本蟲亦爲專食十字花科蔬菜之害蟲，其中以小白菜受害最嚴重。一年可發生 7 世代以上，其發生盛期在秋冬至翌年春夏之交時。臺灣中北部較嚴重，幼蟲危害葉部，老熟則入土做土窩化蛹。成、幼蟲皆有假死習性，一遇干擾就縮腳落地。

生 活 史　卵　期：4-7 天。

幼蟲期：8-14 天。

蛹　期：3-5 天。

成　蟲：7-10 天。

危　　害　小白菜受害最嚴重，吃成支離破碎狀，甚至啃食葉柄，造成受害菜葉不堪食用。幼蟲會棲息土中啃食根部表皮或根毛，危害蘿蔔時，表面可見黑斑點點，組織變老不適食用；在葉上則齧食菜葉，食痕常成爲病原菌的侵入口而造成軟腐或黑腐，其成蟲喜歡群集植物心梢及近土面蔭涼的葉背間活動。

型　　態

成蟲（莊國鴻）

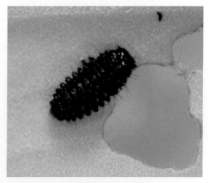
幼蟲（莊國鴻）

蛹（莊國鴻）

卵（莊國鴻）

CHAPTER 2

山藥害蟲

中文名稱	優美蘭葉蜂
英文名稱	Yam Sawfly
學名名稱	*Senoclidea decorus* (Konow)
俗名名稱	無
分類地位	膜翅目葉蜂科

生態習性 優美蘭葉蜂成蟲體呈黑色具光澤，體長約 2.3 公分，前翅黑褐色，其翅脈及翅斑呈黑色，前、中後足之顏色為黑白相間。成蟲活躍常在山藥田之葉片上活動、交配及產卵。此害蟲的生態習性喜在寄主植株附近土表或地下 1-2 公分處化蛹，所以建議種植前應該妥善做好土壤翻耕曝晒等清園工作。

生 活 史 卵　　期：6.7 天。

幼蟲期：16.8 天。

蛹　　期：5.6 天。

成　　蟲：18.1 天。

危　　害 幼蟲孵化後即群集於山藥嫩葉背面啃食葉片，留下表皮。其幼蟲頭殼黑色，體呈淡紫色，在顯微鏡下表皮呈不規則皺摺，具胸足、腹足各三對。幼蟲以腹足爬行，沿葉緣向中肋啃食，僅留下較粗之葉脈。發育老熟後即離開葉片掉落地表，在近植株的土表或地下 1-2 公分處作繭化桶。

型　　態

幼蟲

危害狀

中文名稱	斜紋夜蛾
英文名稱	Tobacco cutworm, Armyworm
學名名稱	*Spodoptera litura* (Fabricius)
俗名名稱	黑肚蟲、土蟲
分類地位	鱗翅目夜蛾科
生態習性	一年發生 8-11 代，週年皆可發生。成蟲體呈褐色，前翅一條粗灰白紋。雌蟲將卵塊產於葉背，少數產於葉面或葉柄，其卵塊覆蓋褐黃色的鱗毛。卵呈饅頭狀淡綠色，幼蟲顏色多變化，有黑、暗褐、綠褐、灰褐色等。老熟幼蟲至土中化蛹，蛹則為赤褐色。本蟲屬於雜食性害蟲，栽培區附近若種植玉米、花生及綠肥時易遭受其危害。

生 活 史　卵　　期：25℃時 4-8 天。

　　　　　幼蟲期：在 25℃時幼蟲期約需 14 天（六齡）。

　　　　　蛹　　期：10 天。

　　　　　成　　蟲：壽命 5-7 天。

危　　害　孵化幼蟲群棲於葉背囓害，只留表皮膜呈透明食痕或小孔，三齡以後分散，日間潛伏於土中或枯葉中，黃昏後自葉緣蠶食全葉，嚴重時只留下葉柄或葉脈，初生成的幼嫩葉片較易受害，危害嚴重時影響山藥之生長發育，降低其產量。

型　　態

▌ 幼蟲

幼齡幼蟲

中文名稱	神澤氏葉蟎
英文名稱	Kanzawai spider mite
學名名稱	*Tetranychus kanzawai* (Kishida)
俗名名稱	紅蜘蛛
分類地位	蟎蜱目葉蟎科

生態習性 　成蟎產卵於葉背，成、幼蟎均群棲於葉裡或葉面凹部吸食危害，此蟎在田間常有吐絲降落隨風飄蕩而分散之習性。在北部自 5 月下旬開始發生，夏季為發生盛期，至冬季往茶樹近地面葉片棲息，或附近豆科植物、雜草上，全年世代平均日數約 41 天，一年 21 代。

生 活 史 　卵　期：4.4-4.8 天。
　　　　　　若蟎期：6.4-12.8 天。
　　　　　　雌成蟎：25.4-32.7 天。

危　　害 　成蟎及若蟎均棲息於葉之背面，吸食葉液。受害初期葉面呈蒼白色，以後成蟎、若蟎密度愈高，其危害更烈，導致葉片萎凋枯死，嚴重時波及地下莖實，致使產量減少。

型　　態

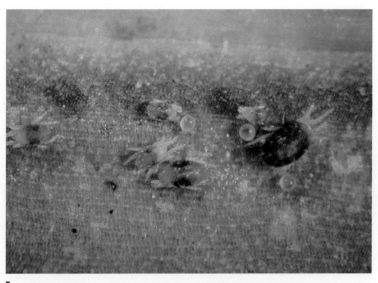

▌ 成蟲及若蟲

中文名稱	白點花金龜
英文名稱	June beetle, Green Beetle
學名名稱	*Potosta brevitarsis* (Lewis)
俗名名稱	雞母蟲
分類地位	鞘翅目金龜子科

生態習性 成蟲體長 16-24 公厘，橢圓形，全身黑銅色，具有綠色或紫色閃光，前胸背板和鞘翅上散布眾多不規則白絨斑，腹部末端外露，臀板兩側各有三個小白斑。成蟲壽命較長，交尾後產卵於堆肥或富含有機質之土中，因此在農民中耕施用有機肥後較容易遭其產卵危害。卵圓形或橢圓形，長 1.7-2.0 公厘，乳白色。幼蟲體長 24-39 公厘，頭部褐色，胸足三對，身體向腹面彎曲呈 C 字形，背面隆起多橫皺紋，幼蟲利用背部之綱毛及身體收縮來行走。

生 活 史 卵　　期：13-19 天。

　　　　　幼蟲期：8-10 個月。

　　　　　蛹　　期：21-27 天。

　　　　　成　　蟲：1-3 個月。

危　　害 幼蟲孵化後啃食山藥的塊根部，輕者在表面危害造成坑洞，降低商品價值。嚴重者蛀食形成隧道，並將排遺之糞便堆於山藥塊根表皮附近。幼蟲在土中或塊根內造室並化蛹於其中，羽化後成蟲才從山藥塊根表皮的孔洞鑽出。被金龜子幼蟲危害的山藥，由於塊根部受損而降低商品價值，造成重大損失。

型　　態

▌幼蟲身體向腹面彎曲呈 C 字形

▌幼蟲啃食山藥的塊根部

中文名稱	玉米穗蟲（番茄夜蛾）
英文名稱	Corn earworm
學名名稱	*Helicoverpa armigera* (Fabricirs)
俗名名稱	玉米青蟲
分類地位	鱗翅目夜蛾科
生態習性	成蟲為淡黃褐色，翅上有明顯的淡褐色腎狀紋。白天藏在雜草中或寄主植物葉下，夜間飛出活動、交尾，雌蟲產卵時將卵粒分散產於山藥心葉。本蟲在山藥上之危害，推測可能與南投縣名間鄉如茶、薑、鳳梨、玉米及山藥輪作的複雜作物相有關。
生活史	卵　期：2-8 天。 幼蟲期：23-41 天。 蛹　期：5-8 天。 成　蟲：7-10 天。
危　害	卵呈饅頭形，顏色淡黃。幼蟲孵化後取食幼嫩葉片，將糞便排落於下層葉片上，主要取食葉部。幼蟲體色多變，會因每次脫皮而有所改變，有綠色、咖啡色、黑色及粉紅色，並有互相殘食的習性。老熟幼蟲在土中化蛹。蛹赤褐色。
型　態	

▌ 老熟幼蟲

中文名稱	甜菜夜蛾
英文名稱	Beet armyworm
學名名稱	*Spodoptera exigua*
俗名名稱	青蟲、地老虎
分類地位	鱗翅目夜蛾科
生態習性	成蟲色灰暗，前翅長形近前緣處有三橢圓形紋，內側者色較淡且明顯。後翅稍寬色灰白，複眼黑色。成蟲體長約 1.1 公分，展翅長約 2.8 公分。成蟲產卵於心葉或嫩葉葉背上。卵聚成卵塊上覆褐色毛狀物，孵化幼蟲啃食葉部，或躲於尚未展開的葉片中。幼蟲有群集性，三齡以後會隨蟲齡之增加而分散，蟲體增長、晝伏夜出之特性愈加明顯，強日照時三齡以上幼蟲會潛伏於葉背之背光處、畦上覆蓋之塑膠布下藏匿或土壤間隙隱藏。

生　活　史　卵　　期：2-6 天。

幼蟲期：10-56 天。

蛹　　期：5-16 天。

成　　蟲：7-14 天。

危　　　害　幼蟲甫孵化即群藏於植株之心部，並吐絲將數葉牽引在一起而置身其中啃食，新梢常被啃盡，植株無法正常生長，嫩葉受害呈不規則之穿洞食痕，嚴重時會把新梢啃光。

型　　　態

▌幼蟲

CHAPTER 3

瓜類害蟲

中文名稱	番茄夜蛾
英文名稱	Tomato fruit worm, Corn earworm
學名名稱	*Helicoverpa armigera* (Hübner)
俗名名稱	青蟲、蛀心蟲
分類地位	鱗翅目夜蛾科
生態習性	年發生 8 世代。卵產於嫩葉上，幼蟲孵化後初食嫩莖、葉表皮，二、三齡後蛀入果實內危害。幼蟲有相互殘食習性。體色常有變化，與寄主色澤相似，老熟幼蟲在土中化蛹，以蛹期越冬。
生活史	卵　期：2-8 天。 幼蟲期：23-41 天。 蛹　期：5-8 天。 成　蟲：7-10 天。
危　害	除以嫩葉、嫩梢為食外，尚會取食花及果實，幼蟲有互相殘食的習性。其體色常有變化，與寄主色澤相似。幼蟲通常獨占一個花器、果實危害，雖然田間蟲口密度不高，對花、果商品價值造成嚴重影響。
型　態	幼蟲之顏色，通常為綠色、深綠色、褐色、黃褐色、黃綠色或黑褐色，與取食物之關係不顯著。體背有三條黑色縱線，老熟幼蟲體長約 36-38 公厘，寬約 4 公厘。

危害花器

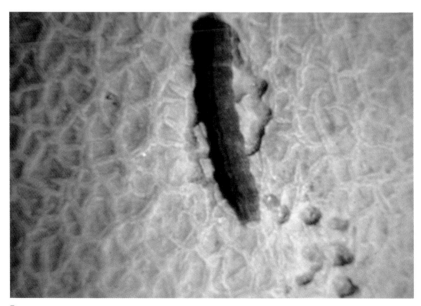

幼蟲啃食瓜皮

中文名稱	瓜實蠅
英文名稱	Melon fly
學名名稱	*Dacus cucurbitae* (Coquillett)
俗名名稱	瓜仔蜂
分類地位	雙翅目果實蠅科
生態習性	外觀似蜂，因而有瓜仔蜂之俗稱。一年發生 5-6 代，為瓜果之主要害蟲，週年可見，4-9 月為高峰期。成蟲羽化後產卵前期長達 3 星期以上，雌蟲產卵量最高約 816-1,042 粒，成蟲產卵於果蒂近處或裂果之果肉內，孵化之幼蟲取食果肉而致其腐敗，老熟幼蟲入土化蛹，幼蟲有跳躍之習性，成蟲於田間常棲息於高莖或較密之植株間，清晨及傍晚較活躍，生食品種受害較嚴重。

生 活 史　卵　　期：2-4 天。

　　　　　幼蟲期：4-18 天。

　　　　　蛹　　期：7-8 天。

　　　　　成　　蟲：1 個月。

危　　　害　雌成蟲以產卵管刺入果實內，並產卵於果實內部組織中，以幼果受害最烈，產卵處常造成果實機械傷害，生長受阻因而畸形。幼蟲孵化後即在內部蛀食果肉，造成受害果腐爛，幼果受害則失去生育機能而不能成長。

型　　　態　幼蟲體長約 1 公分，為白色，僅口器黑色，老熟幼蟲則色澤較深，呈黃白色，善跳。成蟲為類似黃色小蜂翅透明有翅斑。

▎幼蟲

▎成蟲

中文名稱	瓜螟
英文名稱	Cotton caterpillar
學名名稱	*Diaphania indica* (Saunders)
俗名名稱	瓜絹野螟、瓜野螟、黑邊螟蛾、青蟲
分類地位	鱗翅目螟蛾科

生態習性　一年 6 代，雌蟲產卵在葉背，幼蟲常牽絲結葉，自其內方取食葉肉，殘留透明表皮，有時亦加害果實。老熟幼蟲常於捲葉、落葉、畦面或老葉上化蛹。發生盛期為 5-11 月。洋香瓜秋作受害較嚴重，以 10 月至翌年 1 月為發生盛期，發生較有區域性。

生 活 史　卵　期：5-8 天。

幼蟲期：9-16 天。

蛹　期：6-9 天。

成　蟲：7-10 天。

危　　害　初齡幼蟲喜群集於葉背危害，僅留上表皮之白色薄膜，隨齡期增加後幼蟲會吐絲、捲葉，並啃食葉肉。密度高時，老齡幼蟲亦會啃食幼果表皮或蛀入果實內危害。

型　　態　幼蟲頭部淡褐，胴部淡綠，背面有白色縱線二條。各節近氣門處有黑色斑紋，生細毛，體長約 22-27 公厘。

瓜螟幼蟲危害葉片

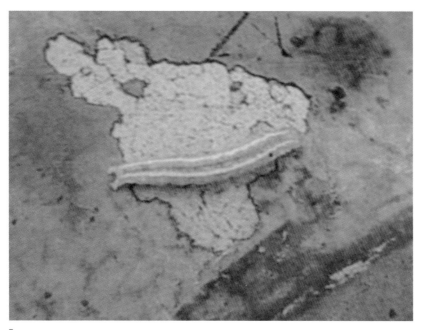

瓜螟幼蟲啃食葉表皮

瓜螟成蟲

中文名稱	銀葉粉蝨
英文名稱	Silverleaf whitefly
學名名稱	*Bemisia argentifolii* (Bellows & Perring)
俗名名稱	白蚊子
分類地位	半翅目粉蝨科
生態習性	全年發生、雜食性，危害作物達五百種以上，以初秋至春末之旱季爲高峰期，溫度太高或太低及長期降雨溼度高較不利其生長，以 3-6 月及 9-11 月爲發生盛期，成蟲在植株葉背產卵，雌蟲經交尾後喜在葉背陰暗處、陽光照射不足且較不通風的地方產卵，成蟲多群棲於新葉之葉背，成蟲不擅長距離飛翔，一般受干擾時在植株上端或周圍稍作盤旋後仍回原作物棲息危害，一般靠風力傳布。卵殼、蟲體、蛻皮及其排泄物可引起煤煙汙染植株。爲新侵入重要害蟲。
生活史	卵　期：5 天。 若蟲期：15 天。 成　蟲：1-2 個月。
危　害	直接刺吸營養液外並傳布病毒病。受害葉片焦枯提早落葉。另外，成蟲及若蟲分泌蜜露，誘引螞蟻或其他昆蟲，蟲口密度高時分泌物會誘發黑煤病，影響光合作用。
型　態	第一齡若蟲長橢圓形，尾端較尖，淺綠色，半透明，具足及觸角。第二、三齡若蟲形態與第一齡蟲相似，但足及觸角退化。第四齡若蟲紅色眼點清晰可見，老熟時更可見體內將羽化的蟲體。

卵

若蟲

成蟲

末齡若蟲

成蟲聚集

高密度誘發黑煤病

中文名稱	棉蚜
英文名稱	Cotton aphid
學名名稱	*Aphis gossypii* (Glover)
俗名名稱	龜神
分類地位	半翅目蚜蟲科

生態習性 棉蚜喜乾燥溫暖氣候，母蟲胎生若蟲，如遇環境不良即產出有翅若蟲進行遷飛。多棲息幼嫩葉背吸食汁液，使受害葉片漸枯黃、捲縮，嚴重時則萎凋，造成植株生長不良，密度高時因排出蜜露可誘發煤病，致葉片布滿黑煤狀菌絲影響植物發育生長。

生 活 史 卵　期：胎生。

若蟲期：5-6 天。

成　蟲：13-22 天。

危　　害 以刺吸式口器吸取葉背之汁液，常聚集於新梢、嫩葉、幼葉。因體末端具蜜管，蜜露易誘發煤汙病，危害嚴重部位呈黑黏狀，受害嚴重之葉片常捲縮或凋萎，造成植物生長不良並降低光合作用的進行。此外，棉蚜尚可傳布多種植物之毒素病。

型　　態 無翅雌蟲為暗綠或綠色，有時亦呈黑色，觸角基部白色，末節暗色，約為體長之半。腳黃白，其末端亦暗色。腹部膨大，背面有雲狀斑紋，角狀管短而黑。體長約 1.5 公厘。稚蟲似無翅胎生雌蟲，但較小型，綠色乃至黃綠色。

無翅若蚜

棉蚜危害葉背

中文名稱	南黃薊馬
英文名稱	Southern yellow thrips
學名名稱	*Thrips palmi* (Karny)
俗名名稱	刺馬
分類地位	纓翅目薊馬科

生態習性　年發生 10-20 世代，在 25℃ 環境下，約 15 天即可完成一個世代，成蟲可行有性生殖及孤雌生殖。卵產於葉片組織內，成蟲及若蟲主要棲息於幼嫩心葉或花器內，吸食植株汁液，被害葉片可見無數蒼白小斑點，沿著葉脈基部向葉尖逐漸延伸，如果細察葉背，則可見到如針尖之小蟲爬行。受害植株頂端生長停止並凋萎褐化，在田間以春季乾旱期為發生盛期。

生　活　史　卵　　期：4-5 天。

　　　　　　幼蟲期：4-5 天。

　　　　　　蛹　　期：3-4 天。

　　　　　　成　　蟲：5-6 天。

危　　害　成、若蟲均以銼吸式口器吸食幼苗之葉部或心梢汁液，受害葉之表面可見無數小斑點沿著基部向葉尖逐漸延伸。受害植株頂端生長停止，葉背初期呈白色反光狀，後期則萎縮褐化。開花期，部分成、若蟲移至花器危害影響授粉。危害花器時，可致凋萎而不結果。

型　　態　幼蟲體細長，初孵化時呈灰白色，漸漸轉成淡黃色至橘黃色。

危害心葉呈捲曲狀

薊馬成蟲

聚集花器中

危害葉片

中文名稱	番茄斑潛蠅
英文名稱	Tomato leaf miner
學名名稱	*Liriomyza bryoniae* (Kaltenbach)
俗名名稱	畫圖蟲
分類地位	雙翅目潛蠅科
生態習性	年發生 20-22 世代。成蟲體黑白相間，成蟲及幼蟲均會危害。成蟲以產卵管刺破葉片組織吸吮汁液或在葉部組織內產卵，幼蟲孵化後在葉肉與表皮之間潛食，僅剩上、下表皮。老熟幼蟲在土中或畦上覆蓋之塑膠布上化蛹。番茄斑潛蠅危害有兩個盛期，一為苗期 2-5 葉，另一為結果後期之中老葉，如受害嚴重，葉片呈乾枯隧道。

生 活 史　卵　　期：1-5 天。

　　　　　幼蟲期：6-12 天。

　　　　　蛹　　期：5-8 天。

　　　　　成　　蟲：7-15 天。

危　　害　幼蟲孵化後在葉肉與表皮之間潛食，僅剩上、下表皮，形成白色曲折之隧道食痕，嚴重時受害葉片乾枯。

型　　態　幼蟲蛆形，乳白色，頭咽骨片黑色清晰可見。老熟幼蟲前端乳黃色，後端白色，體長約 2.15 公厘。

▌幼蟲

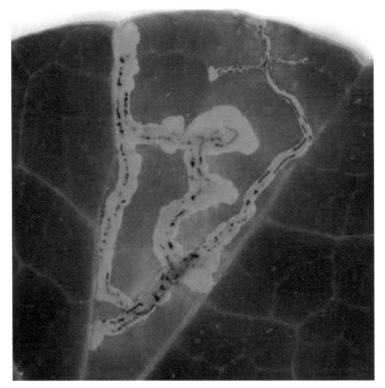

幼蟲鑽食的隧道

絲瓜老葉危害狀

中文名稱	瓜擬尺蠖
英文名稱	Cabbage looper
學名名稱	無
俗名名稱	拱背蟲、青蟲
分類地位	鱗翅目夜蛾科
生態習性	棲息於葉背或陽光不直射的葉面，受驚擾時，身體中央隆起若弓狀。行走時，先以前三足附著葉面，弓身收起後半部，再以後二足固定，然後前半部伸出如同用手指測量長度狀，所以稱為尺蟲。通常零星發生，臺灣中部主要發生於瓠瓜。
生 活 史	無資料。
危　　害	沿葉緣取食造成缺刻。
型　　態	幼蟲蟲體綠色，每節體上有刺狀突出物。

幼蟲

中文名稱　黑守瓜

英文名稱　無

學名名稱　*Aulacophora lewisii* (Baly, 1866)

俗名名稱　黑龜仔

分類地位　鞘翅目金花蟲科

生態習性　本種分布於平地至低海拔山區，常見於菜園瓜類植物葉面或花朵上覓食，幼蟲於土中營生，成蟲白天出現，與黃守瓜和黑腳黑守瓜混棲，習性近似，為常見的種類。

生　活　史　無資料。

危　　　害　成蟲出現於春至秋季，經常駐足在絲瓜、葫蘆或南瓜植栽上，會啃食花瓣與嫩葉。

型　　　態　成蟲體長 5-6.5 公厘，頭、前胸背板橙黃色，翅鞘黑色不及腹末，具光澤，腹部橙黃色，各腳及觸角黃褐色。

▎成蟲

成蟲危害花朵

中文名稱	黃守瓜
英文名稱	Cucurbit leaf beetle
學名名稱	*Aulacophora femoralis* (Motschulsky)
俗名名稱	黃螢、瓜螢、瓜葉蟲
分類地位	鞘翅目金花蟲科

生態習性　年發生數世代，瓜苗出土後，成蟲即入侵苗並危害葉片，成蟲為長橢圓形，黃褐色體長為 7 公厘之小甲蟲，卵產於接近地表根圈附近，幼蟲孵化後即潛入土中蛀食根部，地面相接之瓜果，亦常被蛀入。老熟幼蟲於土內作土窩化蛹，以成蟲越冬。

生 活 史　無資料。

危　　害　葉片、幼果。幼蟲孵化後即潛入土中蛀食根部，成蟲危害葉片呈馬蹄形網紋狀食痕，阻礙幼苗發育，嚴重時可致植株枯死。

型　　態　成蟲為長橢圓形，黃褐色，體長為 7 公厘之小甲蟲，成蟲於羽化出土後，即飛出取食危害葉片，嚴重時造成植株枯萎。

▍ 成蟲

成蟲危害狀

CHAPTER 4

番茄害蟲

中文名稱	番茄潛旋蛾
英文名稱	Tomato leafminer
學名名稱	*Tuta absoluta*
俗名名稱	畫圖蟲
分類地位	鱗翅目麥蛾科
生態習性	該害蟲主要為夜間活動，成蟲通常白天不活動，黃昏時為活動高峰期，成蟲飛行散布在農作物之間。在茄科的一系列物種中，番茄〔*Lycopersicon esculentum* (Miller)〕為主要寄主，黑麥草也是主要寄主。可利用黃色黏紙及燈光誘捕器進行監測及誘殺。

生活史　　卵　期：7 天。
　　　　　幼蟲期：8 天。
　　　　　蛹　期：10 天。
　　　　　成蟲期：7-8 天。

危　　害　雌成蟲產卵於葉背或萼片，卵孵化後，幼蟲鑽入葉片、花萼、果實、莖部取食植物組織，造成作物嚴重危害及經濟損失。

型　　態　幼蟲於初齡時體色為白色至乳白色，後期轉為粉紅色（於番茄成熟果實內）或綠色（於番茄未熟果或葉片上），頭殼棕黑色，前胸背板後緣具有一條明顯的骨化帶。

幼蟲

初期危害

後期危害（農業部動植物防疫檢疫署）

中文名稱	番茄斑潛蠅
英文名稱	Tomato leaf miner
學名名稱	*Liriomyza bryoniae* (Kaltenbach)
俗名名稱	畫圖蟲
分類地位	雙翅目潛蠅科

生態習性 年發生 20-22 世代。成蟲體黑白相間，成蟲及幼蟲均會危害。成蟲以產卵管刺破葉片組織吸吮汁液或在葉部組織內產卵，幼蟲孵化後在葉肉與表皮之間潛食，僅剩上、下表皮，形成白色曲折之隧道食痕，嚴重時受害葉片乾枯。老熟幼蟲在土中或畦上覆蓋之塑膠布上化蛹。番茄斑潛蠅在番茄上有二個盛期，一為苗期 2-5 葉，另一為結果後期之中老葉，如受害嚴重，全園呈一片焦枯景象。

生 活 史 卵　期：1-5 天。

幼蟲期：6-12 天。

蛹　期：5-8 天。

成蟲期：13.8 天。

危　　害 成蟲於菜苗初長出新葉時，即以產卵管刺破葉片組織，產卵於葉肉中，幼蟲孵化後即在葉肉組織中潛行鑽食，僅殘留上、下表皮，並於灰白的隧道上中央留下長條的黑色排遺物，嚴重影響光合作用，間接降低產量及上市品質。作物生育後期，於老葉上嚴重危害。受害葉片由於食痕密布交錯，造成葉片黃化，嚴重時全園葉片呈一片枯黃焦乾景象。老熟幼蟲多在土中化蛹，若畦上有塑膠布覆蓋者，常可在塑膠布上見到小粒狀的黃褐色蛹體。本蟲食性甚雜。

型　　態 幼蟲蛆形，乳白色，頭咽骨片黑色清晰可見。老熟幼蟲前端乳黃色，後端白色，體長約 2.15 公厘。

老熟幼蟲

危害葉片

中文名稱	銀葉粉蝨
英文名稱	Silverleaf whitefly
學名名稱	*Bemisia argentifolii* (Bellows & Perring)
俗名名稱	白蚊子
分類地位	半翅目粉蝨科

生態習性 全年發生、雜食性，危害作物達五百種以上，以初秋至春末之旱季為高峰期，溫度太高或太低及長期降雨溼度高較不利其生長，以 3-6 月及 9-11 月為發生盛期，成蟲在植株葉背產卵，雌蟲經交尾後喜在葉背陰暗處、陽光照射不足且較不通風的地方產卵，成蟲多群棲於新葉之葉背，成蟲不擅長距離飛翔，一般受干擾時在植株上端或周圍稍作盤旋後仍回原作物棲息危害，一般靠風力傳布。卵殼、蟲體、蛻皮及其排泄物可引起煤煙汙染植株。為新侵入重要害蟲。

生 活 史 卵　期：5 天。

　　　　　幼蟲期：15 天。

　　　　　成蟲期：1-2 個月。

危　　害 成蟲及若蟲刺吸葉片營養液致葉片縐縮、黃化、枯萎並傳布病毒病。如番茄受害，提早落葉，傳布捲葉病或斑點萎凋病，果實硬化畸形。此外，成蟲及若蟲會分泌蜜露，誘引螞蟻或其他昆蟲，並可誘發黑煤病，植株葉片或果實上有如灑了一層黑膠水，影響光合作用，造成蔬菜或果品品質低劣，甚或導致廢耕。

型　　態 第一齡若蟲長橢圓形，尾端較尖，淺綠色，半透明，具足及觸角。第二、三齡若蟲形態與第一齡蟲相似，但足及觸角退化。第四齡若蟲紅色眼點清晰可見，老熟時更可見體內將羽化的蟲體。

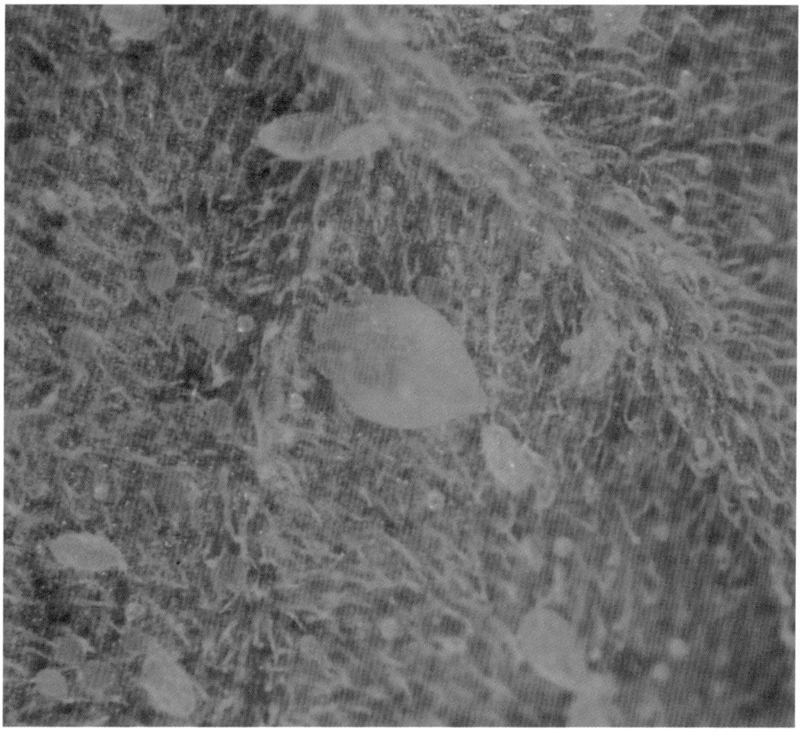

若蟲

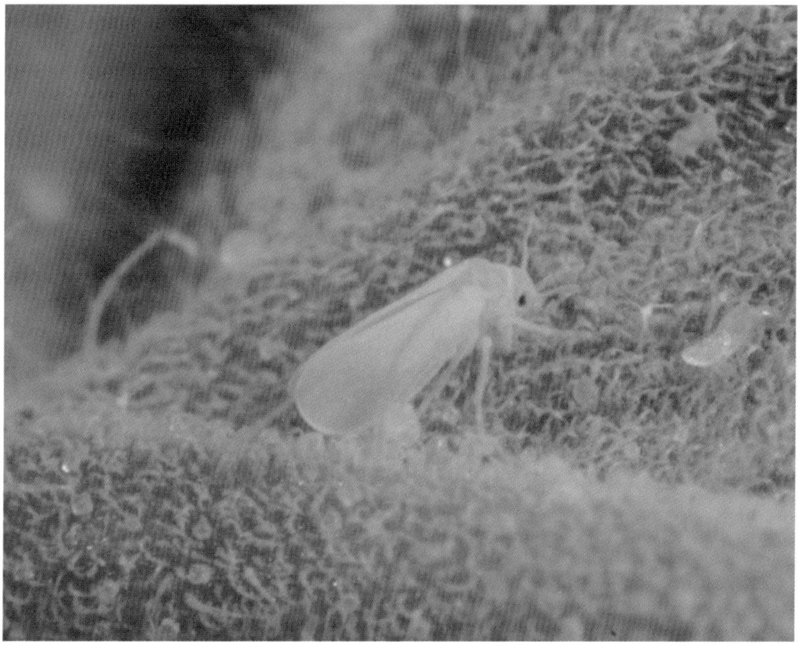

成蟲

中文名稱	甜菜夜蛾
英文名稱	Beet armyworm
學名名稱	*Spodoptera exigua* (Hübner)
俗名名稱	青蟲
分類地位	鱗翅目夜蛾科

生態習性　年可發生 11 世代，春、秋二季為發生盛期。番茄以生育初期至開花期為危害最高峰期。成蟲晝伏夜出，於傍晚及清晨較活躍，卵產於心葉或靠近果實處，呈不規則卵塊，並以雌蛾體毛覆蓋。孵化之幼蟲有群聚性，幼蟲取食嫩葉、花器及幼果，幼蟲體色多變化，背線明顯，幼蟲日夜活動，但陽光強時則向下移動潛伏，受驚擾時，有彎身成 U 字形而落地之習性。老熟幼蟲潛入土中或土表之落葉、雜物間化蛹。化蛹時則喜歡選擇微溼的塊狀土壤，吐絲營繭，其上並附土塊雜物等。

生　活　史　卵　期：2-6 天。

幼蟲期：10-56 天。

蛹　期：5-16 天。

成蟲期：5-7 天。

危　　害　雌蟲將卵產於心葉或靠近果實處。初齡幼蟲具群棲性，取食葉背葉肉，殘留上表皮，二至三齡後分散，囓食葉片呈不規則缺刻或孔洞。幼蟲會取食花器幼果，並啃食發育中之果實。

型　　態　幼蟲體色多變化，淡黃綠色或暗褐色，有時呈黃白色，背線明顯，亞背線成白色，體長約為 35-40 公厘。

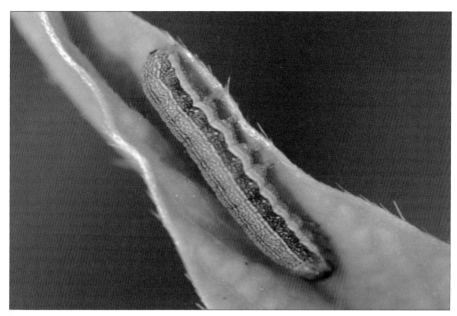

▌ 幼蟲危害葉片

中文名稱	番茄夜蛾
英文名稱	Tomato fruit worm, Corn earworm
學名名稱	*Helicoverpa armigera* (Hübner)
俗名名稱	青蟲、蛀心蟲
分類地位	鱗翅目夜蛾科
生態習性	年發生 8 世代。卵產於嫩葉上，幼蟲孵化後初食嫩莖、葉表皮，二、三齡後蛀入果實內危害。幼蟲有相互殘食習性。體色常有變化，與寄主色澤相似，老熟幼蟲在土中化蛹，以蛹期越冬。

生活史

卵　期：2-8 天。

幼蟲期：23-41 天。

蛹　期：5-7 天。

成蟲期：13.8 天。

危害

成蟲產卵散布於葉或植株上，卵呈饅頭形。成蟲以花蜜為食，日間棲息於作物莖葉間，夜間飛出交尾後將卵粒散產於葉上。幼蟲孵化後會先啃食卵殼後再取食植物，除以嫩葉、嫩梢為食外，尚會取食花及果實，幼蟲有互相殘食的習性。其體色常有變化，與寄主色澤相似。幼蟲通常獨占一個花器、果實危害，雖然田間蟲口密度不高，對花、果商品價值造成嚴重影響，秋冬季蔬果及花卉需嚴防其危害。老熟幼蟲在土中化蛹，以蛹期越冬。

型態

幼蟲體色多變化，同一對成蟲所產之卵孵化所得之幼蟲體色亦互異，至少有十五種以上之顏色變化。甫孵化之幼蟲灰綠色，待取食後，尤其三齡以後之體色遂不同。幼蟲之顏色，通常為綠色、深綠色、褐色、黃褐色、黃綠色或黑褐色，與取食物之關係不顯著。體背有三條黑色縱線，老熟幼蟲體長約 36-38 公厘，寬約 4 公厘。

幼蟲危害葉片

幼蟲鑽入果實

雌成蟲

中文名稱	斜紋夜蛾
英文名稱	Tobacco cutworm, Cotton worm
學名名稱	*Spodoptera litura* (Fabricius)
俗名名稱	黑肚蟲、土蟲
分類地位	鱗翅目夜蛾科

生態習性 斜紋夜蛾為雜食性害蟲，故全年均可發現。斜紋夜蛾成蟲具有趨光性，成蟲與幼蟲均晝伏夜出，一般於日落後開始活躍。成蟲交尾後，將卵產於植株上，孵化後，幼蟲期有群棲性，老熟後潛入受害株附近土中 3-6 公分處化蛹，10-11 月發生密度最高，4-6 月次之，無明顯越冬現象。

生活史 卵　期：25℃時 4-8 天。

幼蟲期：在 25℃時幼蟲期約需 14 天（六齡）。

蛹　期：10 天。

成　蟲：5-7 天。

危　害 主要以葉部為食，並可取食心梢或花器，果實形成後，幼蟲亦會危害果實，造成植株生長不良或影響產量。

型　態 一、二齡時，頭部黑褐，胴部灰褐，背線、亞背線及氣門下線皆為白色，且在氣門下線附近有圓紋。三齡以後，氣門上線呈白紋，位於各節中央，其上有眼狀黑紋，體長約 10 公厘。

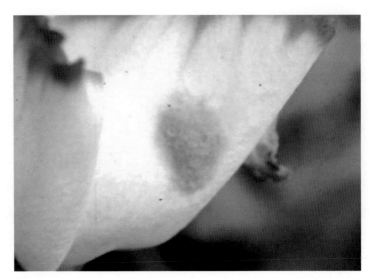

卵塊

二齡幼蟲

▌五齡幼蟲

▌幼蟲危害果實

中文名稱	東方果實蠅
英文名稱	Oriental fruit fly
學名名稱	*Bactrocera dorsalis* (Hendel)
俗名名稱	柑果蠅、柑小實蠅
分類地位	雙翅目果實蠅科
生態習性	此蟲之發育及活動受冬季低溫之影響較大，在 16℃ 以下發育緩慢、產卵量亦少。冬季成蟲多躲避於較高大隱蔽的樹叢間，尤其背風方向的山邊雜木林、竹林、甚至蔗園中，較少活動。卵、幼蟲、蛹及成蟲之有效發育溫度多在 11-34℃ 間，而以 25-28℃ 為最適溫度。4 月以後氣溫回升，溫度的效應不再顯著。

生 活 史　卵　期：1.5-1.6 天。

　　　　　幼蟲期：7.8-8.9 天。

　　　　　蛹　期：8.8-9.9 天。

　　　　　成　蟲：61-76 天。

危　　害　成蟲用產卵管插入果實表皮內產卵，所以附近如有栽培寄主作物如檬果、番石榴、柑橘，受害尤烈。一般產卵於幼果上，果實長大後，產卵刺傷的周圍木質化，有時被產卵果實會皺縮畸形，或促進果實早熟，或引起落果。危害幼果時，果實長大後形成畸形，影響產量與品質；危害成熟果時，因幼蟲很難在果內生存，對產量影響較小，但對品質外觀的影響則大。

型　　態　幼蟲長圓錐形，頭端尖小，圓鈍尾端上具三對氣孔；體乳白色；體長 8-10 公厘。

▎白色卵粒

▎成蟲

吊掛長效型誘殺器內含 50ml 95% 含毒甲基丁香油混合溶液（90% 甲基丁香油 + 5% 乃力松）──誘引防治

甲基丁香油黏著噴劑──物理防治

中文名稱　臺灣花薊馬

英文名稱　Flower thrips

學名名稱　*Thrips hawaiiensis* (Morgan)

俗名名稱　刺馬

分類地位　纓翅目薊馬科

生態習性　此蟲可長期侵入，侵入後的成蟲及下代若蟲均能吸食危害，且其在田間的發生隨著季節產生極大的變動，如在乾旱期，蟲口密度則顯著增加。

生 活 史　卵　期：3 天。

　　　　　幼蟲期：3.8 天。

　　　　　蛹　期：2.8 天。

　　　　　成蟲期：13.8 天。

危　　害　花薊馬多聚集於花器，薊馬沿花萼基部的一圈吸食，幼果表面因受薊馬口器銼吸破壞，或分泌唾液毒素的刺激，使幼果表皮細胞畸形分裂，在果皮上形成圓圈狀的食痕，果實漸成熟後，即會沿果蒂出現一圈黃褐色的銹痕，隨果實的增長而擴大，果實成熟後成為明顯的傷疤，影響外觀。

型　　態　成蟲頭、胸橙黃色或淡黃色，腹部黑褐色，腹部與胸部顏色對比明顯。前翅基部透明無色，其餘部分淡褐色。雌成蟲頭胸黃褐色，腹部黑褐色，體長約 1.33 公厘。複眼暗褐色。觸角黃褐色。前翅淡褐細長，腹部刺毛甚長。足黃色，腿節外緣褐色。雄成蟲黃色，體長約 1.05 公厘。

成蟲

中文名稱	二點葉蟎
英文名稱	Two-spotted spider mite
學名名稱	*Tetranychus urticae*
俗名名稱	白蜘蛛
分類地位	蟎蜱目葉蟎科

生態習性　二點葉蟎各期個體均聚集在葉背危害。秋季以後，二點葉蟎體色逐漸變黃色至橘紅色，冬季成蟎常成群聚集樹皮縫隙間越冬或遷移至雜草上繼續危害，春季時體色再由橘紅色回復爲淡綠色。本性喜棲息於葉背取食產卵，以口針刺裂表皮細胞，再以口吻將滲出之營養液吸入，棲群密度高時會形成細小絲狀物，由於體型小，可經由風力吹散或昆蟲攜帶遷移，所以全臺有適當寄主處均可能發生。在番茄一般結果後之生育後期發生密度較高。

生活史　卵　　　　期：2.7-9.3 天。

幼　蟎　期：0.7-2.4 天。

前　若　蟎　期：0.4-1.6 天。

後　若　蟎　期：0.7-2.2 天。

雌蟎總發育期：7.3-21.3 天。

危　　害　以刺吸式口器吸食植物汁液，部位以葉爲主。受害葉呈灰白或淡黃小點，葉片綠色盡失，無法行光合作用，落葉嚴重。體形甚小，肉眼通常不易辨認，將葉片翻轉，有時可見到極小紅色斑點。可經由風力遷移，有適當寄主處均可能發生。此類害蟲怕雨、喜乾燥，因此連續乾旱常導致嚴重發生。平均夏季一代 8 天，冬季 15 天。

型　　態　前若蟎：具四對足，體背兩側各具一深色斑點。較幼蟎體大，此期無生殖器官。後若蟎：具四對足，體背兩側各具一深色斑點。軀體較前若蟎爲大，此期個體與成蟎相近似，僅在大小及生殖器上可區分。

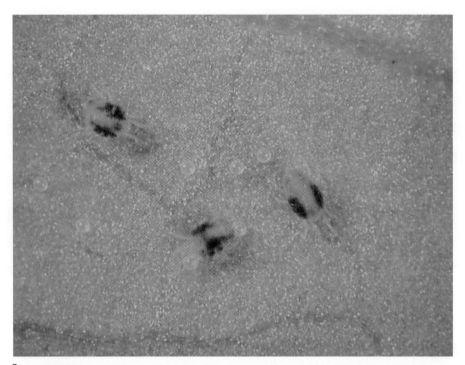

二點葉蟎

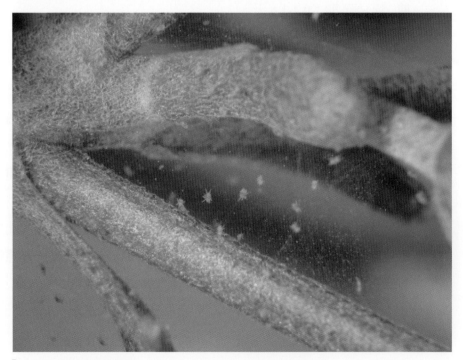

發生嚴重時結網危害

中文名稱	桃蚜
英文名稱	Green peach aphid
學名名稱	*Myzus persicae* (Sulzer)
俗名名稱	龜神
分類地位	半翅目蚜蟲科

生態習性 初春至春末之旱季，番茄結果期後發生密度較高。一年發生約 45 代，最適溫度為 21-26℃，低溫乾旱季節密度高，反之高溫多雨密度低。本蟲終年行孤雌生殖，通常胎生無翅型雌蟲。若蟲數過多或水分食物不足而需遷移時，始產生有翅型雌蟲。若蟲經四次脫皮而為成蟲，完成一世代時間甚短。

生 活 史 若蟲至成蟲平均世代 13-16 天。

危　　害 桃蚜成蟲與若蟲均喜群集於嫩芽、葉背、果實凹下或隱蔽處，除直接吸食植株汁液，致使心葉皺縮不展，頂芽無法正常生長外，尚可分泌蜜露誘發煤病，亦是病毒病之媒介昆蟲。本蟲亦能傳播植物病毒病害，如菸草胡瓜嵌紋病、木瓜輪點病毒、馬鈴薯病毒病等。

型　　態 無翅胎生雌成蟲體色不一，有黃、綠、紅、棕等色，體光滑無蠟粉，觸角之基部內側有瘤狀突起，觸角管狀細長，末端的一半稍膨大，體長約 2 公厘。

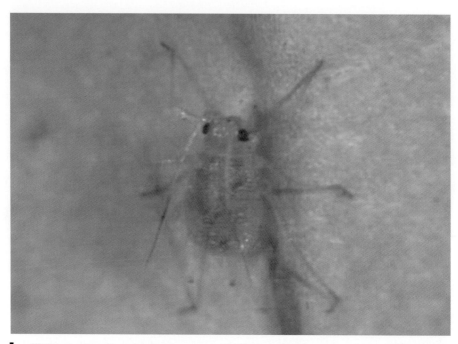

若蟲

葉片乾枯、落葉、產生煤汙，白色為蚜蟲的蛻皮

CHAPTER 5

玉米害蟲

中文名稱	玉米螟
英文名稱	Asian corn borer
學名名稱	*Ostrinia furnacalis* (Guenée)
俗名名稱	栗螟、玉蜀黍螟蛾
分類地位	鱗翅目螟蛾科

生態習性　玉米螟在臺灣北部地區一年可發生 3-4 代，南部地區一年約發生 7-8 代，一代所需期間 23-166 天。南部地區由於玉米（超甜玉米）週年栽培不斷，因此玉米螟整年可找到寄主，在南部地區其族群也隨之週年發生，唯受到氣候影響，其族群密度有季節性消長，每年 3 月下旬後玉米螟漸次發生，6 月上、中旬至 7 月達高峰，此期間外發生量少，但 9 月中旬雨季過後至 10 月，田間玉米栽培面積漸增，玉米螟族群密度又逐漸回升，11 月後其族群密度又隨氣溫下降而減少。

生 活 史　卵　期：3-8 天。

　　　　　幼蟲期：13-134 天（六齡）。

　　　　　蛹　期：前蛹期 1-2 天，蛹期 4-30 天。

　　　　　成　蟲：壽命 4-6 天。

危　　害　初齡幼蟲集中加害輪生部嫩葉，輕者葉片有許多針刺狀食痕，重者在葉片造成長條食痕，並附著如木屑狀排泄物，葉片中脈有時因受害嚴重而垂折。果穗在吐絲期間，幼蟲嚙斷嫩花絲而影響授粉，使果穗無法飽滿或枯萎。如果穗已結實則加害籽粒，使果穗變形或腐爛，影響產量及品質，嚴重者受害率可達 90%，致玉米幾無收成。

型　　態　初孵化的幼蟲乳白色，後變為灰黃色或淡褐色，背線暗褐色，各體節上長有四至六根剛毛，均生長在灰褐色小毛瘤上。成長幼蟲體長 20-30 公厘。

三齡幼蟲危害雄花

幼蟲危害莖部

中文名稱	秋行軍蟲
英文名稱	Fall armyworm
學名名稱	*Spodoptera frugiperda*
俗名名稱	草地貪食夜
分類地位	鱗翅目夜蛾科

生態習性 幼蟲晝伏夜出，有自殘的習性，老熟幼蟲在土壤深約 2-8 公分處化蛹，幼蟲化蛹前會吐絲並用土壤製作橢圓形之蛹室，蛹室長約 20-30 公厘，若土壤太硬，幼蟲會利用葉片或是其他材料，結合蟲絲在土表建造蛹室。

生 活 史　卵　期：卵塊約 2-3 天孵化。

幼蟲期：幼蟲約 14 天。

蛹　期：約 8-9 天後羽化。

成　蟲：壽命自 7-21 天，平均壽命約為 10 天。

危　　害 一齡幼蟲取食葉片一側之葉肉組織，殘留透明狀的葉片啃食痕跡，二、三齡幼蟲則自葉緣向內取食葉片並造成孔洞。幼蟲會鑽進玉米葉生長點取食，常造成新展開的玉米葉片有規律性蛀食痕跡。幼蟲啃食入植株中，常對寄主植物的生長點，如芽點、輪生點等造成危害，影響植株生長狀況。

型　　態 幼蟲具六個齡期，一齡蟲之體色呈綠色，頭殼為黑色，二齡體色逐漸轉為橘色，三齡體呈褐色且有白色側線，四至六齡期，頭部為紅棕色帶有些許斑駁白色，體呈褐色並具有白色側線，背部出現黑色斑點，其上著生刺毛，成熟幼蟲之頭殼可見一黃色倒 Y 狀紋路，尾部只有兩列黑色色斑。

▌危害玉米心部，遺留糞便

▌心葉中老熟幼蟲（楊宇宏）

中文名稱	玉米穗夜蛾
英文名稱	Tomato fruit worm, Corn earworm
學名名稱	*Helicoverpa armigera* (Hübner)
俗名名稱	青蟲、蛀心蟲
分類地位	鱗翅目夜蛾科

生態習性 卵產在心葉部及花絲上，粒粒分散，呈饅頭型。幼蟲在玉米輪生期以危害心葉為主，自葉緣向裡齧食，白晝潛伏心葉之縫隙間，入夜開始活動危害。於玉米吐絲期後，先危害花絲再漸次鑽入苞葉取食果穗頂端果粒。本蟲有相互殘食習性，故多為一穗一蟲，蛾年發生8-11世代。

生活史 卵　期：2-8天。

幼蟲期：23-41天（五齡）。

蛹　期：5-7天。

成蟲壽命5-7天。

危害 取食穗絲並鑽入果穗危害果粒造成減產。

型態 幼蟲體色多變化，同一對成蟲所產之卵孵化所得之幼蟲體色亦互異，至少有十五種以上之顏色變化。甫孵化之幼蟲灰綠色，待取食後，尤其三齡以後之體色遂不同。幼蟲之顏色，通常為綠色、深綠色、褐色、黃褐色、黃綠色或黑褐色，與取食物之關係不顯著。體背有三條黑色縱線，老熟幼蟲體長約36-38公厘，寬約4公厘。

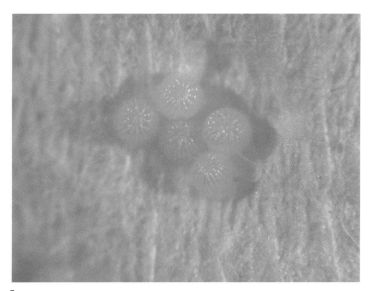

卵粒

老熟幼蟲

蛹

成蟲

中文名稱	臺灣黃毒蛾
英文名稱	Small tussock moth
學名名稱	*Porthesia taiwana* (Shiraki)
俗名名稱	刺毛蟲、刺毛狗蟲
分類地位	鱗翅目裳蛾科

生態習性 年發生 8-9 代，各蟲期週年可見，以幼蟲期越多。成蟲為黃色小蛾，晝間潛伏在蔭蔽場所，夜間開始活動，行交尾及產卵等行為，卵塊產於寄主植物之果穗上，呈帶狀，上被雌蟲鱗毛。幼蟲體橙黃，各節有多數之刺毛，生於體側者呈赤紅色，背面者呈黑色。幼蟲及繭上之毛有劇毒，皮膚觸之，即發生紅腫疼痛，應予注意。本蟲之危害最盛期為 6 月。

生活史 卵　期：夏天卵期 3-6 天，冬天為 10-19 天。

幼蟲期：夏天 13-18 天，冬天為 40-55 天。

蛹　期：夏天 8-10 天，冬天為 15-19 天。

危害 主要於果穗外取食穗絲造成授粉不良。

型態 幼蟲體長約 25 公厘，橙黃色，頭褐色，胴部各節有多數刺毛塊，生於兩側赤色縱線，第四、五節背部中央各有黑色大毛塊一個。背部有寬縱條紋，中央為赤色之縱線，各節氣門下線處有赤紋一個。化蛹於絲質及鱗毛之繭內。

▋ 成蟲及卵塊

幼蟲

穗絲被取食殆盡

中文名稱	粟夜蛾
英文名稱	Armyworm
學名名稱	*Cirphis unipuncta* (Haworth)
俗名名稱	粟夜盜、黏蟲
分類地位	鱗翅目夜蛾科

生態習性 年發生 7-9 代，週年均可發現，唯在春、秋季發生較多。每隻雌蛾產卵數 600-700 粒。孵化幼蟲不分日夜群集於葉上齧害，略生長後分散，日間潛隱於暗處，夜間爬出齧食危害葉片。

生 活 史 卵　期：3-6 天。
　　　　　幼蟲期：16-50 天。
　　　　　蛹　期：7-20 天。

危　　害 孵化幼蟲不分日夜群棲於心葉部危害嫩葉，生長後日間潛隱於心葉部，夜間爬至葉片上自葉緣取食，危害植物。

型　　態 幼蟲體色變化多，初為淡黃褐色，稍生長後有灰綠色、黑綠色或淡黃色者。頭部黃褐色，顏面有不明顯網狀紋及暗褐色縱線兩條。腹面淡黃色，但末端黑色。腹腳黃褐色。

粟夜蛾幼蟲

幼蟲危害雌穗

中文名稱	球莖夜蛾
英文名稱	Black cutworm
學名名稱	*Agrotis ipsilon* (Hufnagel)
俗名名稱	切根蟲、小地老虎、蕪菁夜蛾、黑蟲
分類地位	鱗翅目夜蛾科

生態習性 切根蟲之成蟲於日落後開始活動，具趨光性。交尾後將卵粒分散產於植株之地際部、落葉、地面或莖部，孵化後幼蟲開始危害。植物成長後，因莖基部較厚實無法切斷，幼蟲便會爬上植株，咬斷葉片或嫩莖部位，拖入土中隱匿處食用。幼蟲有自殘性（Cannibalism）。成熟幼蟲在土中作蛹室而化蛹於其中。一年可發生 5-6 代，春季播種期及幼苗期發生最烈，其後因高溫、大雨而密度大減。

生活史 卵　期：4-8 天。

幼蟲期：21-29 天（五齡）。

蛹　期：7-14 天。

成　蟲：壽命 5-7 天。

危　害 玉米苗期若見幼苗被啃切，則可在植株鄰近處之土中見到此幼蟲，玉米苗長大後，亦可發現嫩枝或葉部被切斷而搬入其潛伏處所。

型　態 幼蟲頭部赤褐，體灰褐或黑色，胸前之硬皮板暗褐，其中央有暗黃色縱線一條，第二節以下各有暗黃褐線二條。各體節上有疣狀突起，其上各生褐色短毛一根，氣門黑色。體下方為暗灰黃色，體長約為 40 公厘。

切斷莖基部

躲在土中的幼蟲

中文名稱	甜菜夜蛾
英文名稱	Beet armyworm
學名名稱	*Spodoptera exigua* (Hübner)
俗名名稱	白一紋字夜蛾、管仔蟲、青蟲
分類地位	鱗翅目夜蛾科

生態習性　年可發生 11 世代，春、秋二季為發生盛期。以苗期為危害最高峰期。成蟲晝伏夜出，於傍晚及清晨較活躍，卵產於心葉附近處，呈不規則卵塊，並以雌蛾體毛覆蓋。孵化之幼蟲有群聚性，幼蟲取食嫩葉，幼蟲體色多變化，背線明顯，幼蟲日夜活動，但陽光強時則向下移動潛伏，受驚擾時，有彎身成 U 字形而落地之習性。老熟幼蟲潛入土中或土表之落葉、雜物間化蛹。化蛹時則喜歡選擇微溼的塊狀土壤，吐絲營繭，其上並附土塊雜物等。

生 活 史　卵　期：2-6 天。

幼蟲期：10-16 天（六齡）。

蛹　期：5-10 天。

成　蟲：壽命 5-7 天。

危　　害　取食心葉及幼葉造成薄膜或缺刻狀，嚴重造成缺株。

型　　態　幼蟲體色多變化，淡黃綠色或暗褐色，有時呈黃白色，背線明顯，亞背線呈白色，體長約為 35-40 公厘。

成蟲

四齡幼蟲

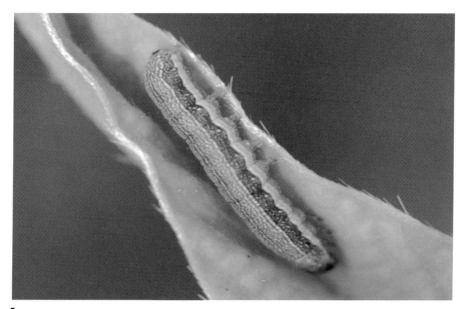

五齡幼蟲

蔥管內的六齡幼蟲

蛹

中文名稱　斜紋夜蛾

英文名稱　Tobacco cutworm, Cotton worm

學名名稱　*Spodoptera litura* (Fabricius)

俗名名稱　黑肚蟲、土蟲

分類地位　鱗翅目夜蛾科

生態習性　斜紋夜蛾為雜食性害蟲，故全年均可發現。斜紋夜蛾成蟲具有趨光性，成蟲與幼蟲均晝伏夜出，一般於日落後開始活躍。成蟲交尾後，將卵產於植株上，孵化後，幼蟲期有群棲性，主要以葉部為食，並可取食心梢或穗絲，果穗形成後，幼蟲亦會危害果穗，造成植株生長不良或影響產量。老熟後潛入受害株附近土中 3-6 公分處化蛹，10-11 月發生密度最高，4-6 月次之，無明顯越冬現象。

生 活 史　卵　　期：4-8 天。

幼蟲期：14 天（六齡）。

蛹　　期：10 天。

成　　蟲：壽命 5-7 天。

危　　害　晝伏夜出以葉部為食，並可取食心梢或穗絲及果穗。

型　　態　幼蟲一、二齡時，頭部黑褐，胴部灰褐，背線、亞背線及氣門下線皆為白色，且在氣門下線附近有圓紋。三齡以後，氣門上線呈白紋，位於各節中央，其上有眼狀黑紋，體長約 10 公厘。

三齡幼蟲

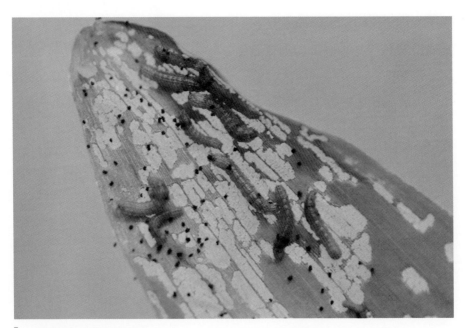

葉肉取食殆盡只剩表皮

中文名稱	擬尺蠖
英文名稱	Cabbage looper
學名名稱	*Trichoplusia ni* (Hübner)
俗名名稱	拱背蟲、青蟲
分類地位	鱗翅目夜蛾科
生態習性	棲息於葉背或陽光不直射的葉面，受驚擾時，身體中央隆起呈弓狀。行走時，先以胸足附著葉面，收起後半部，弓身再以後二足固定，然後前半部伸出如同用手指測量長度狀，所以稱為尺蟲。通常零星發生，臺灣北部主要發生於冬季之 12 月至翌年 2 月，中部地區以 5-6 月及 9-10 月發生較多，南部地區則 3-5 月發生較多，產卵量在 800 粒以上，幼蟲老熟後，即在葉裡作橢圓形之白色薄繭化蛹。
生活史	卵　期：2-3 天。 幼蟲期：14-16 天。 蛹　期：8 天。 成　蟲：壽命約 14 天。
危　害	取食葉片造成缺刻或孔洞。
型　態	幼蟲全體淡綠色至綠色，體自前端至後端逐漸肥大，胴部背面自第二節以後有細縱線四條白色，略呈波狀，第五至十節之結合部，體伸長時呈白色，體自前端至後端逐漸肥大，第三、四腹節無腳，故步行時如尺蠖狀，但第八腹節有腳。氣門橢圓白色，體長約 30 公厘。

幼蟲

中文名稱	玉米蚜
英文名稱	Corn leaf aphid
學名名稱	*Rhopalosiphum maidis* (Fitch)
俗名名稱	龜神
分類地位	半翅目蚜蟲科

生態習性 玉米蚜為玉米生育後期主要害蟲及玉米病毒病的媒介昆蟲。在嘉南地區週年均可發生，以晚秋、初冬及翌年早春發生較多，秋作及春作玉米生育後期，若逢氣候乾旱時發生嚴重，尤以密植或通風不良玉米田發生更嚴重，盛夏雨季及嚴冬之際密度較低。玉米蚜以無性及胎生進行繁殖，繁殖力極強。

生活史 卵　期：4-8 天。

幼蟲期：14 天（六齡）。

蛹　期：10 天。

成　蟲：5-7 天。

危　害 成蟲及若蟲在玉米生育初期喜群集於幼株之葉背或心葉部吸收汁液危害，嚴重時使嫩葉皺縮影響初期發育。玉米雄花抽出後轉至雄花、葉鞘內外、果穗苞葉內、葉背等各部危害，受害部位黃化，花梗嚴重受害則枯萎，致無花粉產生。

型　態 幼蟲體呈長卵形，暗綠色，頭部、觸角、腳、角狀管及尾片皆為黑色。

| 玉米蚜

| 食蚜虻——生物防治

中文名稱	白點花金龜
英文名稱	Oriental flower beetle
學名名稱	*Protaetia orientalis* (Goryet Perchelon)
俗名名稱	金龜仔、雞母蟲
分類地位	鞘翅目金龜子科
生態習性	年發生 1 世代。成蟲常在春、夏季之 4-8 月間出現，其中以 5-7 月為發生盛期，秋季較少，會鑽入地底產卵，卵產於土中。於有機肥中常發現幼蟲，施用堆肥時會將幼蟲帶入田中，在地下越冬，翌年 3-5 月化蛹。

生 活 史　　卵　期：13-19 天。

　　　　　　幼蟲期：30-60 天。

　　　　　　蛹　期：17-20 天。

　　　　　　成蟲壽命：1-2 個月。

危　　害　　孵化後幼蟲即在土中以腐植質為食，但腐植質缺乏時亦會危害植物根部。成蟲日間在莖葉或雜草間棲息至黃昏後飛出齧害玉米株老葉片而產生許多不規則食痕，或咬斷花絲等。

型　　態　　體彎曲呈 U 字形。初為乳白色後變卵黃色。頭部及氣門黃褐色，腳淡黃褐色，肛門開口呈一字形。尾節板粗生剛毛。體背長有長毛。

型　　態　　成蟲體長約 21-26 公厘，體型為寬廣，體色為銅色至赤銅色，有金屬光澤，前胸背板為前窄後寬，密布細點刻紋，並有白色小斑紋，翅鞘有明顯縱向粗點刻紋，因此表面亮度較低，表面有明顯白色斑駁斑紋，腹部各節兩側有白斑。

幼蟲蠐螬

成蟲

中文名稱	玉米條背土蝗
英文名稱	Grasshopper
學名名稱	*Patanga succincta* (Linneeus)
俗名名稱	蚱蜢
分類地位	直翅目蝗蟲科
生態習性	年發生 1 世代，雌蝗於 4 月下旬以產卵器及腹部末端大半端斜插入土中產卵，卵呈梭形塊狀，每隻蝗蟲只產一塊，初孵化若蟲（蝗蝻）脫去卵殼後，經 3-5 分鐘即可行動，並馬上取食加害作物，於 6-7 月間危害作物及雜草，有趨光性，常聚集在一起，若蟲脫皮六次共七齡，成蟲羽化時間多在清晨，日間較少，天氣晴朗時活動力特強，取食量大，低溫寒流侵襲則靜止不動，成蟲危害盛期在 6 月下旬至 8 月下旬。
生活史	卵　期：35-50 天。 若蟲期：50-60 天。
危害	危害幼苗取食嫩葉及心葉。
型態	成蟲為大型種，帶黃褐色，頭短而寬，前胸背較細，呈鞍形，其後緣圓形黃色，向後方突出。前胸背之中央、前胸側之中央、前翅前緣之黃褐線兩側，另有黑線。前翅細長淡褐，上有黃色及褐色之斑紋。後翅較前翅略短，其端赤色，後腿節長於腹部，呈淡赤褐色，脛節淡褐。體長 45-75 公厘。

老熟若蟲

成蟲

CHAPTER 6

香蕉害蟲

中文名稱	香蕉假莖象鼻蟲
英文名稱	Banana stem bore weevil
學名名稱	*Odoiporus longicolli* (Olivier)
俗名名稱	香蕉莖象鼻蟲
分類地位	鞘翅目象鼻蟲科
生態習性	在田間全年發生，以每年10月至隔年春季發生密度最高。成蟲體色變化多，以黑色及紅褐色為主，胸部背方有二條縱走黑色條紋，老熟成蟲則全身轉為黑色。頭部呈球狀，口吻細長向前延伸有如象鼻而得名，第三跗節寬大呈平盤狀，便於吸附於光滑的假莖。

生　活　史　　卵　　期：3-5天。

幼蟲期：25-27天。

蛹　　期：3-5天。

成　　蟲：1個月。

危　　　害　　成蟲齧食蕉株假莖、葉脈及果梗。卵白色，略呈橢圓形。幼蟲頭紅色，體乳白色，蠕蟲形，無足。為侵入假莖蛀食，嚴重導致蕉葉枯黃、倒折及果梗無法支持而落果。老熟幼蟲化蛹時利用假莖、葉梗之纖維結繭，所結之繭嵌入假莖內。

型　　　態

▎幼蟲危害假莖

成蟲

受害的香蕉假莖

中文名稱	香蕉花編蟲
英文名稱	Banana lacebug
學名名稱	*Stephanits typica* (Distant)
俗名名稱	無
分類地位	半翅目軍配蟲科
生態習性	年發生 6-9 世代。本蟲對氣候條件較敏感，寒流來襲時也容易凍斃，夏季較少發生。每年以 10-12 月及 3-4 月間乾旱期大量發生，椰子與香蕉常互相感染。受驚時，成蟲若蟲均以慢速爬離。急速抖動葉片時，成蟲可作短距離之飛翔。
生 活 史	卵　期：14.3 天。 若蟲期：17.8 天。 成　蟲：17-26 天。
危　　害	成蟲及若蟲聚集在葉背吸食汁液，於第七至九葉片聚集較多，並排泄黑褐色狀糞便，汙染葉面，葉片受害部位呈銹色汙斑，吸食痕呈淡黃色斑點，阻礙光合作用。
型　　態	

▌成蟲

中文名稱　香蕉弄蝶

英文名稱　Banana skipper, Banana leaf roller

學名名稱　*Erionota torus* (Evans)

俗名名稱　捲葉蟲

分類地位　鱗翅目弄蝶科

生態習性　一年多代。成蝶於晝間停憩於枝葉間，受驚擾時則迅速飛走。黃昏時分開始於樹叢、蕉株間活動，成蟲晝伏夜出，常可在燈光下見到趨光個體，吸食花蜜。雌蝶產卵於葉背，成堆紅色。幼蟲體披白色蠟粉，捲葉成筒躲藏其中，啃食葉片直到化蛹。最早發生於夏威夷，1986 年在屏東九如被發現入侵臺灣，目前已分布到南投集集山區蕉園。

生 活 史　卵　期：7 天。

幼蟲期：30 天。

蛹　期：15 天。

成　蟲：不詳。

危　　害　幼蟲孵化後爬到葉背的葉緣，啃食葉片並吐絲將葉片捲成管狀的巢，嚴重時整片蕉葉啃食殆盡只剩中肋。

型　　態

卵

幼蟲

幼蟲苞葉危害

中文名稱　東方果實蠅

英文名稱　Oriental fruit fly

學名名稱　*Dacus dorsalis* (Hendel)

俗名名稱　果仔蜂

分類地位　雙翅目果實蠅科

生態習性　卵白色，長橢圓形，產於果肉內。幼蟲老熟後即脫離果實跳入土中化蛹。蛹為具光澤之淡黃色圍蛹，長 5 公厘，短橢圓形。成蟲體長 7-8 公厘，形如蜂類。成蟲白晝活動，於果園中尋食、交尾、產卵，夜間棲息於果樹、林木等隱蔽植株之枝葉間。

生 活 史　卵　　期：1-2 天。

幼蟲期：15-30 多天。

蛹　　期：6-27 天。

成　　蟲：1-3 個月。

危　　害　幼蟲黃白色，體細長呈圓錐形，老熟幼蟲體長約 10 公厘。幼蟲孵化後即在果肉中縱橫蛀食，造成果實腐爛乃至落果。成蟲羽化後經約 2 週之產卵前期。雌蟲將卵產於生長中鮮果之果皮內，成蟲飛翔力強，常飛行遷徙於各果園間。

型　　態

▌ 跳出香蕉的老熟幼蟲

▎雌雄外型比較（左：雄，右：雌）

▎危害果實內部

CHAPTER 7

柑橘害蟲

中文名稱	吹綿介殼蟲
英文名稱	Cottony cushion scale
學名名稱	*Icerya purchasi* (Maskell)
俗名名稱	棉仔苔
分類地位	半翅目蚜蟲科
生態習性	成蟲年生 3 代。卵橢圓形橙黃色。若蟲初孵化時扁橢圓形，色暗紅無白粉被體，若蟲成長，體表漸被白粉。初齡若蟲行動活潑，尋覓適當處危害，多自葉背的主脈處吸食葉液，至二、三齡若蟲乃固定於枝幹上危害，以至成熟，少有留於葉部的。
生活史	卵　期：9-42 天。 幼蟲期：48-106 天。 蛹　期：5-44 天。 成　蟲：1 個月。
危　害	二齡雄若蟲老熟後，常結繭化蛹於枝幹裂縫或雜草土礫間。成、若蟲除直接吸食樹液危害外，又分泌蜜露，引發煤汙病，阻礙光合作用，影響植株生長。
型　態	

幼蟲

中文名稱	刺粉蝨
英文名稱	Spiny whitefly
學名名稱	*Aleurocanthus spiniferus* (Quaintanc)
俗名名稱	無
分類地位	半翅目粉蝨科
生態習性	臺灣北部年生 4 代。蛹橢圓形黑色，周圍分泌白色臘質。經 7-34 天羽化為成蟲。成蟲看似白色，翅白色不透明外被蠟質。雌蟲喜產卵於初展開之新葉。卵長橢圓形，一端有短柄豎於葉底。孵化的若蟲即尋找適當葉背寄生，一旦固定後即不移動。吸食葉液並分泌蜜露，誘發煤病，影響植株生育。

生 活 史　　卵　　　期：11-27 天。

　　　　　　一齡若期：10 天。

　　　　　　二齡若期：7.4 天。

　　　　　　三齡若期：10.6 天。

　　　　　　四齡若期：13.3 天。

　　　　　　成　　　蟲：2.1-2.7 天。

危　　　害　　若蟲體扁橢圓形，為淡黃色，有觸角及足，待固定後軀體初為褐色。蟲脫皮三次，經 17-90 天後化蛹。蟲發生多時，葉片背面布滿各生長期之該蟲，狀似芝麻，而若蟲分泌之蜜露則誘發煤煙病，致使寄主植物枝葉變黑，影響光合作用，樹勢衰退。老熟若蟲越冬，翌春化蛹，3 天即羽化為成蟲。

型　　態

▌ 幼蟲

中文名稱　黃斑椿象

英文名稱　無

學名名稱　*Erthesina fullo* (Thunberg)

俗名名稱　無

分類地位　半翅目椿象科

生態習性　一年 4-5 代。數量不多時，危害不很嚴重。雌蟲產卵於葉裡，成塊約二、三十粒，卵圓筒形。若蟲初孵化幼體成群生活，後分散取食。

生活史　卵　期：3-8 天。

　　　　若蟲期：55.8 天。

　　　　成　蟲：38.8 天。

危　害　以刺吸式口器吸食危害。成蟲灰黑色，胸部背面、小楯板及半翅鞘上有黃色斑紋，成蟲在葉面或樹幹上吸取組織的汁液，性活潑且有惡臭。

型　態

▌ 交尾中的成蟲

▍ 刺吸危害

中文名稱	星天牛
英文名稱	White spotted longicon/beetle
學名名稱	*Anoplophora maculata* (Thomson)
俗名名稱	牛公歪
分類地位	鞘翅目天牛科
生態習性	一年一世代，成蟲多出現於 4-9 月間，棲息於枝葉間，嚼食嫩枝及葉部。雌蟲在樹幹下部之樹皮咬一個丁字形裂縫，再產卵其中。成蟲體呈黑色有光澤，觸角長超過體長。前胸兩側有突出的角。足與翅鞘均有白色斑點，所以稱為星天牛，體長約 24-40 公厘。

生 活 史　卵　期：7-10 天。

幼蟲期：10 個月。

蛹　期：10-15 天。

成　蟲：1.5 個月。

危　害　卵橢圓形，乳白色，約 3.5×1.7 公厘如米粒大，卵期 1-2 星期。幼蟲為乳白色，頭暗褐色。胸足退化。幼蟲蛀食皮層，危害初期造成樹液流出，有鋸屑狀的蟲糞排出。多隻危害時受害樹常易被風吹倒，至 8、9 月間，常因幼蟲在樹皮內繞食樹幹基部半周或一圈形成環狀剝皮而致全樹枯死。幼蟲成長 2 個月後開始蛀入木質部危害。

型　　態

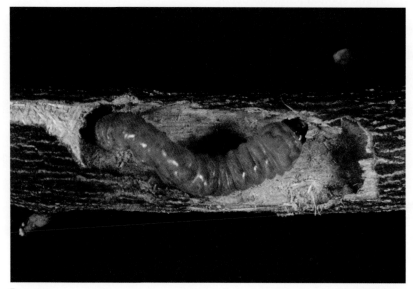

▌ 幼蟲

▌ 成蟲

中文名稱　柑橘節蜱（銹蜱）

英文名稱　Rust mites

學名名稱　*Phyllocoptruta oleivora*

俗名名稱　無

分類地位　蜱目節蜱（銹蜱）科

生態習性　柑橘銹蟎爲發生在熱帶及亞熱帶地區之蟎害，在高溫高溼下，最適宜
　　　　　其生育。全年發生。利用刺吸式口器刺吸汁液。由於行動緩慢常靠風
　　　　　或其他昆蟲媒介分布，在沒有果實時，聚集於葉片上取食危害，葉片
　　　　　受害枯萎變黃，風吹之後掉落。

生　活　史　卵　　期：3-6 天。

　　　　　幼蟲期：7-10 天。

　　　　　蛹　　期：7-15 天。

　　　　　成　　蟲：2-3 個月。

危　　害　在幼果形成時開始危害果實，而造成落果的現象。受害的果實，果皮
　　　　　外層油囊細胞受損，變成褐色斑紋，故有火燒柑之稱，又稱之爲柑橘
　　　　　象皮病。許多節蜱常在同一葉片聚集，雌性節蜱通常行單性生殖，卵
　　　　　分產於柑橘果皮之凹處或葉之中脈附近。柑橘節蜱危害各種柑橘，分
　　　　　布很廣，臺灣、美國佛州、加州柑橘區均有發現。

型　　態

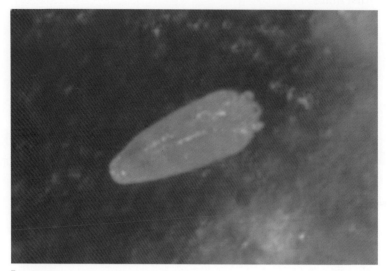

▌ 幼蟲

▌ 危害果實

中文名稱	咖啡木蠹蛾
英文名稱	Coffee stemborer
學名名稱	*Zeuzera coffee* (Nietne)
俗名名稱	鑽心蟲、白蛀蟲、咖啡蛀蟲
分類地位	鱗翅目木蠹蛾科

生態習性　成蟲體、翅皆被白色鱗毛及鱗片，前翅上散布青藍色胡麻斑點，後翅的斑點稀疏而色淺。雄蟲斑點為黑色，觸角下半部呈羽毛狀。3-4 月及 9-10 月為其羽化期，成蟲產卵於樹幹、枝條間隙或腋芽間。

生活史　卵　期：9-30 天。

幼蟲期：73-205 天。

蛹　期：19-36 天。

成　蟲：2-6 天。

危　害　卵為圓形或長圓形，黃色。卵期 9-12 日。幼蟲體圓柱形，表皮柔軟赤紅色。幼蟲多自幼嫩枝條及腋芽間取食，鑽入枝條的木質部蛀食，糞便則自侵入口排出。受害枝條因水分不能送達而枯萎，致植株生長受阻，甚或全樹枯死，危害非常嚴重。幼蟲老熟即化蛹於食孔中，蛹褐色，屬被蛹，羽化時常將蛹殼半露於外。

型　態

▌幼蟲

危害枝條

中文名稱	黑鳳蝶
英文名稱	無
學名名稱	*Papilio protenor amaura* (Jordan)
俗名名稱	無
分類地位	鱗翅目鳳蝶科

生態習性　黑鳳蝶為常見的蝶類，自平地到山地皆可見，成蟲飛行緩慢，常會沿蝶道飛行。寄主植物，除了常見的柑橘外，尚有雙面刺、賊子樹等。在野外若悉心注意，不難在其寄主植物上發現其蹤跡。成蟲翅黑色具淡黃色斑紋，黑鳳蝶其翅膀背面幾乎全部漆黑，黑鳳蝶的體型較大，但不具尾突，許多初次賞蝶的人會將其和大鳳蝶的雄蟲混淆。其實，只要稍加注意，還是不難分辨的。

生 活 史　卵　　期：3-6 天。

幼蟲期：7-10 天。

蛹　　期：7-15 天。

成　　蟲：2-3 個月。

危　　害　幼齡幼蟲取食柑橘嫩葉，老熟幼蟲多食老葉，苗木和未結果樹受害較烈。卵產於柑橘嫩芽和葉上，卵球形散產，一至三齡幼蟲之胴體呈灰褐色，有白色斑紋，鳥糞狀，四至五齡時轉變呈綠色及白色斑紋，具擬態和保護作用。頭胸背前方有一對觸角，受到干擾時，常突然翻出，並放出橘皮的酸臭味，具有化學防禦作用。幼蟲取食量大，受害處常只剩枝條及葉柄。

型　　態

伸出臭角的幼蟲

成蟲

中文名稱　半圓堅介殼蟲

英文名稱　無

學名名稱　*Saissetia hemisphaerica*

俗名名稱　無

分類地位　半翅目介殼蟲科

生態習性　終年可見危害，一般未發現雄蟲，而雌蟲行單性生殖，本蟲多發生在幼嫩葉片及枝條上，吸收植物汁液。其體形常隨寄主植物之位置而改變，在平面之葉片上呈半球形，在莖上呈長圓形。老熟成蟲體呈光亮之黃褐色。在臺灣終年發生世代區隔不明顯。通常在植株上可同時見到成蟲、若蟲各發育階段之個體。生在葉片背面，雌成蟲晚期，體皮硬化而隆起，形如半球形鋼盔，雌蟲產卵於腹下，於春季時，初孵若蟲孵化後向外鑽爬，分散爬行至適宜場所，固定於一處不動。體背表面開始分泌透明顆粒狀的蜜露及白色蠟粉，逐漸分泌蠟質形成背方的硬殼。該蟲多數棲息於小葉背方的中央脈或枝條上，常數隻排成一列。

生　活　史　卵　　期：12.5 天。

若蟲期：51.3 天。

成　　蟲：7-14 天。

危　　害　大量發生時葉片正面、幼果及枝條也受害，刺吸寄主汁液，並分泌蜜露誘發煤煙病，影響植株光合作用，嚴重使葉片黃化，終至枯萎而脫落。

型　　態

危害番石榴葉片的成蟲及若蟲

CHAPTER 8

荔枝與龍眼害蟲

中文名稱	膠蟲
英文名稱	Lac insect, Kerria insect
學名名稱	*Kerria lacca* (Kerr）
俗名名稱	紫膠介殼蟲、塑膠苔、漆崥等
分類地位	同翅目膠蟲科

生態習性　一年發生 2 代，第一世代始於 12 月（南部）至翌年 3 月（北部），第二世代始於 5 月（南部）至 7 月中旬（北部）。雄蟲體長約 1.6 公厘，有翅型並有一對透明翅，可飛行找尋雌蟲交尾。初齡若蟲有複眼及觸角各一對，可遷移活動，待固定後，即群聚刺吸植物汁液分泌蟲膠保護蟲體。

生活史　卵　期：以卵胎生。

　　　　若蟲期：40 天。

　　　　前蛹期：約 4-7 天。

　　　　蛹　期：約 4-7 天。

　　　　雄成蟲：壽命為 1-3 天。

危　害　若蟲以口器插入幼嫩枝條樹皮內吸收營養液，並分泌白色及紅色蠟、膠質，附著於枝條表皮上，致枝條上葉片逐漸枯黃脫落，嚴重枝條枯死。若蟲排泄物並可誘發煤病，使植株生長、開花受阻，樹勢衰弱，危害嚴重時整株枯死，整區果園廢耕。

型　態

▎若蟲

在榕樹上危害的膠蟲

枝條上的蟲膠

中文名稱	荔枝細蛾
英文名稱	Cocoa pod borer
學名名稱	*Acrocerops cramerella* (Snellen)
俗名名稱	無
分類地位	鱗翅目細蛾科
生態習性	每年發生 4 代以上，成蛾產卵一般數粒或數十粒散生於果實表面、新梢葉腋間及嫩葉葉背等處，初孵化之幼蟲直接鑽入果實種子、蒂部、新梢中髓、嫩葉葉肉組織或葉片主脈危害，排出糞便，幼蟲老熟後鑽出果實，垂絲掉落地面，或於葉背結薄而白色之圓形繭。

生 活 史　　卵　　期：3.28 天。

幼蟲期：17.64 天。

蛹　　期：6.68 天。

成　　蟲：4.5 天。

危　　害　　幼蟲白色，頭呈黃褐色，體長約為 10 公厘。對果實所造成的損失最為嚴重。成蟲產卵於幼果上，孵化之幼蟲鑽入果蒂與果核之間危害，引起落果，並降低品質。

幼蟲鑽入果蒂與果核之間危害

幼蟲在嫩葉中捲葉危害

中文名稱	黃斑椿象
英文名稱	無
學名名稱	*Erthesina fullo* (Thunberg)
俗名名稱	黃斑椿象、黃斑蝽、麻皮蝽
分類地位	半翅目椿象科

生態習性 一年約 4-5 代，母蟲產卵 20-30 粒，初孵化若蟲有聚集行為，數量不多時，危害不很嚴重。

生 活 史 卵　期：5-6 天。

　　　　　若蟲期：4-9 天。

　　　　　成　蟲：7-30 天。

危　　害 卵產於寄主葉部，且以葉背為多。成蟲以刺吸式口器刺入葉片或幼嫩枝條及果實內吸取汁液，以刺吸果實受害較嚴重。植株幼小時，受害處之上部葉片常呈凋萎。

型　　態

成蟲

中文名稱	荔枝銹蟎
英文名稱	Rust mites
學名名稱	*Aceria litchii* (Keifer)
俗名名稱	無
分類地位	蟎目節蟎科

生態習性　年生十餘代，一般於春天發生最多。成蟎於冬季在葉背或樹皮間隙越冬，3、4月春暖時潛移至嫩葉背部危害，造成眾多黃綠色毛絨狀蟲癭。

生活史　卵　期：9天。
　　　　幼蟲期：32.7天。
　　　　蛹　期：8.3天。
　　　　成　蟲：6.6天。

危　害　成、幼蟎在氣候溫暖時潛移至花、嫩芽、幼葉、幼果上銼吸汁液，同時分泌刺激物質，刺激表皮細胞產生絨毛，形成毛氈蟲癭。嫩葉被害後，最初為綠色加深，葉面出現針狀微突，被害部擴大加厚，於是葉部產生銀白色絨毛，此時大量蠕蟲狀的微小銹蟎在絨毛間活動吸食汁液，並產卵於其間，另一面葉表腫脹突出呈癭瘤狀，致使葉片呈彎曲或扭轉等畸形現象，乾枯落葉。

型　態　成蟲體細長，大小約 0.16×0.04 公厘之柔軟胡蘿蔔形，體淡黃白色，足二對生於體前方，胴部多環節狀之皺摺，而被稱為節蟎。

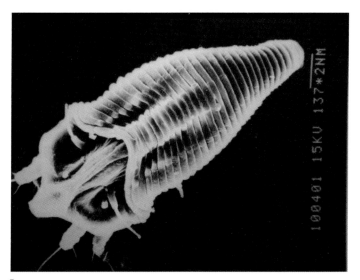

掃描式電子顯微照相（王進發）

造成葉片腫脹變形

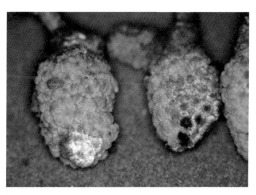

幼果期受害情形

中文名稱	紅蠟介殼蟲
英文名稱	Red wax scale
學名名稱	*Ceroplastes rubens* (Maskell)
俗名名稱	菸仔苔
分類地位	半翅目介殼蟲科

生態習性　本蟲喜好於陰涼濃密之植株上危害，一年可發生 3 代，其中以夏季世代發生最為嚴重。

生　活　史　卵　　期：1-4 天。

若蟲期：3 月下旬至 4 月下旬、6 月下旬至 7 月下旬及 9 月下旬至 11 月上旬。

蛹　　期：8.3 天。

成　　蟲：6.6 天。

危　　害　初齡若蟲尋找新鮮枝條，固定後即開始刺吸取食，經過一天即見其背面分泌淡淡之白蠟。以若蟲、成蟲吸食植株汁液，造成枯枝，且能分泌大量蜜露，誘發煤病，影響葉片行光合作用、降低果實品質。

型　　態　初齡若蟲紅褐色，體表有白色蠟質，至三、四齡蟲體完全被白蠟覆蓋，蠟質呈油性軟質，周圍有八個棒狀突起，背中央略隆起，呈半球形。雌蟲體紫紅色，故稱為紅蠟介殼蟲。雄蟲赤褐色，觸角長，具翅一對，略呈黃色，翅脈呈紫色。

聚集主脈

中文名稱	龍眼木蝨
英文名稱	無
學名名稱	*Neophacopteron euphoriae*
俗名名稱	無
分類地位	半翅目木蝨科

生態習性　龍眼木蝨一年約可發生 7 個世代，以三至四齡若蟲越冬，至翌年 3 月羽化，成蟲於嫩梢、嫩葉或葉背吸食汁液危害，造成嫩梢乾枯，成蟲羽化 1 天後即可交尾，並將卵散產於嫩芽、幼葉及嫩枝上，爲近年在中南部龍眼葉上發現極爲普遍之害蟲。

生活史　卵　期：5-9 天。

　　　　幼蟲期：8-15 天。

　　　　成　蟲：雄 3-6 天，雌 4-8 天。

危　害　龍眼木蝨卵產於葉背，若蟲棲息葉背部凹陷小點內，在葉面上造成小突起。一葉有多個危害點，嚴重危害時葉片整葉有點狀突起，並使葉片捲曲枯黃而落葉，常發生在嫩葉處而使整個枝條上的葉片都會受影響。

型　態

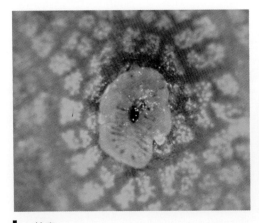

┃ 若蟲

┃ 葉背產生凹陷

葉片危害

成蟲（農業部農業試驗所）

中文名稱	黑角舞蛾
英文名稱	無
學名名稱	*Lymantria xylina* (Swinhoe)
俗名名稱	無
分類地位	鱗翅目毒蛾科
生態習性	此蟲早期危害海邊防風林之木麻黃，近年來向島內入侵沿八卦山脈擴散，嚴重危害荔枝及龍眼等果樹，成蟲羽化時被燈光誘引而入侵民宅，並就近於牆上產卵造成騷擾，在林中利用齒角追蹤雌蟲分泌之性費洛蒙進行求偶交尾。雌蟲體型較大，觸角為節齒狀，交尾後攀附於枝條上，沿枝條產卵塊，卵包覆在丘狀之長橢圓形卵塊中，外表被覆黃褐色到灰褐色之鱗毛。
生活史	卵　期：需休眠。 幼蟲期：34.09±1.48 天。 蛹　期：9.73±1.74 天。 成蟲命：5.89±2.2 天。
危害	幼蟲雜食性，可危害多種植物，啃食荔枝樹的嫩葉及花朵，嚴重時造成植株枯死。
型態	幼蟲頭部黃色，側額片黑色，因之其顏面呈八字形之黑紋。胴部灰黑與黃褐色相間，各節有明顯之瘤突三對，瘤突顏色隨體節而有變化，有藍色、紫紅色、黃白色、紅褐色、黑褐色，各瘤突上長有成束的黑褐色刺毛。幼蟲受驚擾時會垂絲飄蕩，不知覺時會爬附於衣服上，若皮膚接觸會造成刺痛、過敏紅腫及發癢。

受害株結果稀疏

蛾雄成蟲

五齡幼蟲

中文名稱	荔枝癭蚋
英文名稱	Litchi gall midge, Litchi leaf gall midge
學名名稱	*Litchiomyia chinensis*
俗名名稱	枝癭蚊、荔枝葉癭蚊、荔枝癭蠅
分類地位	雙翅目癭蚋科

生態習性 在中部地區年發生 9-11 代，除了冬季寒流來襲發育遲緩之外，幾乎無越冬現象。末齡幼蟲爬出小蟲癭，掉落地面化蛹，蛹為圍蛹暗紅色。因荔枝發育期間不斷抽出新梢，致使各世代間產生重疊現象。

生活史
卵　期：1-2 天。
幼蟲期：13-18 天。
蛹　期：11-26 天。
成　蟲：1-3 天。

危　害 荔枝癭蚋僅危害荔枝，成蟲產卵於嫩梢上，孵化後幼蟲於葉肉內危害，初呈水浸狀小圓斑，逐漸形成葉片上、下隆起之小瘤狀蟲癭，受害葉片仍可繼續生長，至後期老熟幼蟲脫離後，蟲癭乾涸，形成小孔洞或扭曲變形，影響葉片光合作用。蟲癭傷口亦會感染炭疽病等病害，嚴重時引起新梢枯萎。

型　態 幼蟲蛆形，前期無色透明，老熟時橙紅色，前胸腹面為黃褐色 Y 形骨片，體長約 1.3-2.5 公厘。

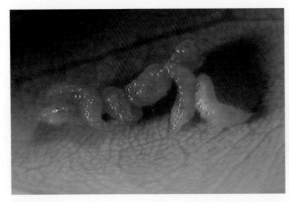

幼蟲

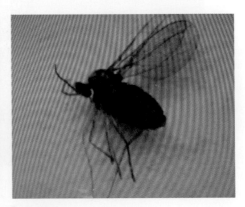

成蟲

嫩葉水浸圓突

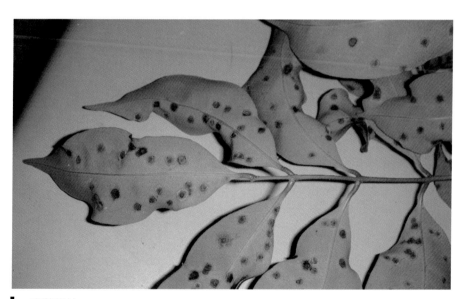

老葉乾枯

CHAPTER 9

芒果害蟲

中文名稱	芒果螟蛾
英文名稱	Mango shoot broer
學名名稱	*Chlumetia transversa* (Walk)
俗名名稱	鑽心蟲
分類地位	鱗翅目螟蛾科

生態習性 在臺灣一年發生 4 代以上，中國大陸南方一年可達 8 代，冬季以蛹越冬，10-11 月間及 2-3 月間為其發生盛期。使新梢凋萎，幼果脫落。

生 活 史 卵　期：3-7 天。

幼蟲期：秋季為 11-14 天，春季為 21 天。

蛹　期：夏天 10-14 天，春冬天則是 17-54 天。

成　蟲：10-19 天。

危　　害 危害葉梢和花梢最多，成蟲產卵在嫩梢上，幼蟲蛀入葉柄或捲葉尖危害，大部分幼蟲蛀孔鑽入嫩梢或花梢中，自頂部蛀入，逐漸向下蛀成一隧道，使水分、養分無法補給，致新梢凋萎，幼果脫落，結果期由近果柄處鑽入取食，使果實內部腐爛，導致裂果或落果。

型　　態

▌梢頂受害

▌成蟲

中文名稱　芒果葉蟬（浮塵子）

英文名稱　無

學名名稱　*Idiocerus niveosparsus* (Lethierry)（褐葉蟬）

　　　　　Idioscopus clypealis (Lethierry)（綠葉蟬）

俗名名稱　無

分類地位　半翅目葉蟬（浮塵子）科

生態習性　每年發生十餘代，在每年檬果開花期約 12 月至隔年春天 3 月爲發生盛期。於 1-3 月間大量產卵，產卵管插入花穗組織，引起機械損傷，使組織表面產生裂縫，成爲病原菌侵入門戶。開花期成蟲、若蟲皆在花穗刺吸取食導致花穗枯萎，花蕾脫落，影響結果。此外，分泌蜜露導致煤汙病。若蟲有群集性及趨光性，集中在葉背脫皮或羽化，其活動性極小，受到刺激時會爬行或跳躍飛離現場。

生 活 史　卵　　期：4-5 天。

　　　　　幼蟲期：10 天。

　　　　　成　　蟲：7-14 天。

危　　害　成蟲可在幼嫩或老化之組織上吸食汁液，雌成蟲將卵產於幼嫩組織中，致使組織被破壞，引起落花、落果或幼果畸形，影響花芽之形成。每年 12 月至翌年 3 月爲發生高峰期，新梢期至開花結小果期危害最爲嚴重，次爲採收後新梢期。

型　　態

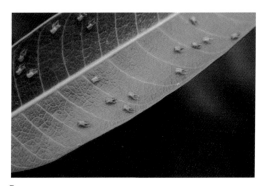

▎留在葉片的蛻皮

成蟲

成蟲

中文名稱	東方果實蠅
英文名稱	Oriental fruit fly
學名名稱	*Bactrocera dorsalis* (Hendel)
俗名名稱	柑果蠅、柑小實蠅
分類地位	雙翅目果實蠅科
生態習性	每年可發生 8-9 世代，在臺灣無越冬現象終年可見，成蟲白天活動，成蟲羽化後，於非寄主植物和叢林間，如荔枝或竹林內先以蚜蟲、介殼蟲、粉蝨、膠蟲等昆蟲所分泌之蜜露及植物花蜜為食；交尾後飛行於果園間產卵，卵產於幼果或將成熟之果實內，老熟幼蟲具跳躍之習性，鑽出果皮跳至土表間隙內化蛹。

生 活 史　　卵　　期：1-2 天。

　　　　　　幼蟲期：17-35 天。

　　　　　　蛹　　期：6-10 天。

　　　　　　成　　蟲：60 天。

危　　害　　雌蟲於交尾後，以產卵管產卵危害，孵化後之幼蟲以果肉為食，引起果實腐爛及落果，果實失去商品價值。全年均可發現其存在，蟲口密度以 7-9 月較高，檬果成熟期尤其土檬果受害較嚴重。

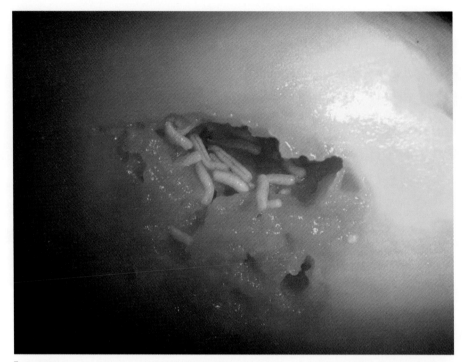

幼蟲

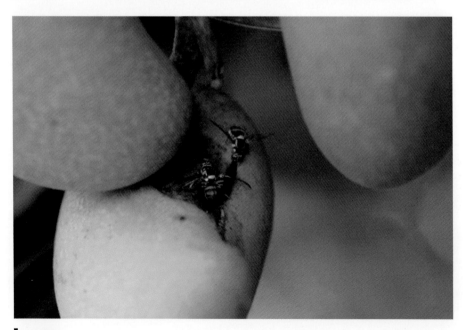

成蟲

中文名稱	檬果壯鋏普癭蚋
英文名稱	無
學名名稱	*Procontarinia robusta*
俗名名稱	無
分類地位	雙翅目癭蚋科
生態習性	為造癭昆蟲，一年發生約 4-5 代，成蟲白天潛藏於樹皮裂縫、土壤縫隙與葉背等陰涼處所。雌蟲將卵產於檬果新梢葉片葉肉之中，卵孵化之後，形成黑色之刺狀突起蟲癭。幼蟲老熟脫離癭體掉落土中化蛹。
生 活 史	卵　期：6-7 天。 幼蟲期：24-37 天。 蛹　期：19-20 天。 成　蟲：1-2 天。
危　　害	檬果壯鋏普癭蚋主要危害檬果抽梢期的幼葉，發生盛期甚至可危害中老葉，隨幼蟲成長，其周圍的植物細胞與組織受刺激增生逐漸隆起，形成淡綠與淡黃色之錐狀蟲癭，至後期由於蟲癭所需養分與水分皆來自植株，當葉片布滿蟲癭時，導致植株進行光合作用的部位大幅減少，枝條變細，於是可形成花梢的枝條減少，進而影響檬果產量。目前高屏檬果主要經濟產區已零星發現此蟲。

型　　態

▌ 葉片危害狀

▌ 葉背突起

CHAPTER 10

茶樹害蟲

中文名稱	茶蠶
英文名稱	Cluster caterpillar, Bunch caterpillar, Brown caterpillar
學名名稱	*Andraca bipunctata* (Walker)
俗名名稱	烏秋蟲、軟蟲、茶客
分類地位	鱗翅目蠶蛾科
生態習性	臺灣各茶區普遍發生，以北部平地之楊梅、龍潭、大溪、林口、關西及中部之魚池區茶園較為嚴重。一年發生 3-4 代，第一代幼蟲發生於春茶期 2-4 月，第二代發生於夏茶期 5-7 月，第三代發生於秋冬茶 10-12 月。卵產於葉背，排列呈數行之卵堆，約 40-70 個卵粒。幼蟲受驚動時頭尾會翹起如弓狀，老熟幼蟲受驚時則會跌落地面假死。老熟幼蟲於地面枯葉、淺土或枝幹縫隙間結繭化蛹。成蟲多在茶叢間活動及交尾、產卵。
生 活 史	卵　期：3.72 天。 幼蟲期：34 天。 蛹　期：31.7 天。 成　蟲：12-13 天。
危　　害	幼蟲共五齡，均群集於葉背取食，一、二齡幼蟲食量小，三、四齡食量漸增加，取食整個葉片，集中在枝條上，五齡後則分散數群危害，其食量驚人，使茶叢往往只剩枝幹，危害輕時遠望呈塊狀，嚴重時整片茶園只剩枝幹。老熟幼蟲於地面枯葉間、枝幹縫隙間或淺土中結褐色薄繭化蛹。
型　　態	幼蟲頭及前胸黑褐色，體黃棕色或暗褐色，老熟幼蟲體密覆細毛。每體節有淡紅及黑褐色帶狀紋橫繞和許多黃色的縱線相交。老熟幼蟲體長約 75 公厘。

卵塊（曾信光）

初齡幼蟲（曾信光）

老熟幼蟲（曾信光）

▎交尾中成蟲（曾信光）

▎茶園受害情形（曾信光）

中文名稱	茶捲葉蛾
英文名稱	Oriental tea tortrix, Tea leaf-roller
學名名稱	*Homona magnanima* (Diakonoff)
俗名名稱	捲心蟲、青蟲
分類地位	鱗翅目捲葉蛾科

生態習性　幼蟲期共六齡，初孵化幼蟲的行動靈敏，受驚擾時吐出墨綠色汁液並倒退脫逃，老熟幼蟲行動較遲緩並在受害處化蛹。成蛾棲息在樹叢中，於黃昏後飛翔活動，尋找異性交尾產卵。雌蛾將卵塊產在葉面，一生可產 1-4 個卵塊，完成一世代所需日數平均 50.3 日。一年發生 6-7 代，一般在 4-5 月及 9-11 月間發生密度較高。

生活史　卵　期：9 天。

　　　　幼蟲期：32.7 天。

　　　　蛹　期：8.3 天。

　　　　成　蟲：6.6 天。

危　害　茶捲葉蛾多危害成葉，幼蟲分散後隨即吐絲將兩片葉黏在一起，棲於內面取食，隨著幼蟲長大，再將附近兩、三片葉黏在一起，棲息於內面繼續取食葉肉，受害葉常表皮呈紅褐色。發生嚴重時葉片被取食殆盡只剩枝條，最後植株枯死。

型　態　幼蟲共六齡。初孵化幼蟲頭部黑色，後期頭呈黃褐色，體暗綠色。胸部第一節的硬皮板黑褐色，成長後體長 25 公厘。

危害狀

卵塊（曾信光）

▍雄蟲（曾信光）

▍雌蟲（曾信光）

中文名稱	茶姬捲葉蛾
英文名稱	Small tea tortrix
學名名稱	*Adoxophyes* sp.
俗名名稱	青蟲、捲心蟲
分類地位	鱗翅目捲葉蛾科

生態習性 一年發生 8 代，一般在春茶末期至秋茶期間發生密度較高。近年來在中部茶區發生較嚴重，在名間茶區以 4-11 月發生密度較高。幼蟲行動靈敏，受驚擾時會迅速後退，吐絲垂下離開或彈跳脫逃，老熟幼蟲在受害處化蛹。成蛾白天靜止葉背，夜間活動，雌蛾將卵產在葉背，一隻雌蛾平均產卵數 135 粒。

生 活 史 卵　　期：4.8 天。

幼蟲期：25.8 天。

蛹　　期：6.2 天。

成　　蟲：6.8 天。

危　　害 幼蟲危害嫩葉及芽，幼蟲共有五齡，初孵化的幼蟲棲息於茶芽內或未展開的嫩葉邊緣內取食，進入二齡後吐絲由嫩葉葉尖向中心捲起，藏匿其內危害，三齡後亦危害成葉。

型　　態 初孵化幼蟲頭部黑褐色，脫皮後呈黃褐色；老熟幼蟲體呈鮮綠色或黃綠色，無斑紋，胸部第一節的硬皮板黃褐色，體長約 20 公厘。

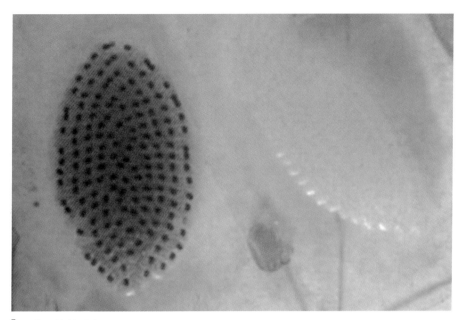

▌茶姬捲葉蛾卵

▌幼蟲

成蟲（左：雄，右：雌）

幼蟲危害心葉

中文名稱	茶細蛾
英文名稱	Tea leaf roller
學名名稱	*Caloptilia theivora* (Walsingham)
俗名名稱	三角捲葉蟲
分類地位	鱗翅目捲葉蛾科

生態習性　一年發生 5-7 代，在各茶區普遍發生，於小葉種之危害較多，於春、夏季較為常見。成蛾白天靜止於葉片上，夜間活動交尾產卵，有趨光性。卵大部分產在芽以下第一至三葉的葉背，通常一葉產一粒卵，一隻雌蛾約產 20 粒卵。卵期 3-6 天，幼蟲期 13-24 天，蛹期 8-22 天，成蛾壽命 2-9 天。幼木茶樹受害則茶菁收穫量減少，品質降低，更嚴重者成茶品質下降。

生 活 史　卵　　期：3.6 天。

　　　　　幼蟲期：13-24 天。

　　　　　蛹　　期：8-22 天。

　　　　　成　　蟲：2-9 天。

危　　害　初孵化的幼蟲在葉主脈下表皮內潛葉危害，形成曲線薄膜，第三齡幼蟲遷移到葉緣附近危害，並由葉緣向葉背捲起危害，老齡幼蟲轉移至嫩葉，再把嫩葉捲成三角形，繼續危害。

型　　態　幼蟲剛孵化時體長約 0.5 公厘，白色。頭扁平時呈三角形，口器向前方凸出。腹腳三對。老齡幼蟲體長約 12 公厘。

幼蟲

蛹

幼蟲取食心葉

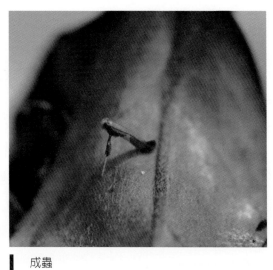

成蟲

危害狀

中文名稱	黑姬捲葉蛾
英文名稱	Flush worm
學名名稱	*Cydia leucostoma* (Meyrick)
俗名名稱	包心蟲、捲葉蟲
分類地位	鱗翅目捲葉蛾科
生態習性	一年發生 6 代，在中南部茶區以 8-9 月發生密度最高。幼木茶園發生較成木茶園多，高山茶園較平地茶園發生多，其中以大葉種茶樹受害較為嚴重。幼蟲受到天敵、環境等因素干擾死亡率高，可達 72.3%。

生 活 史　卵　　期：5-10 天。

幼蟲期：12-21 天。

蛹　　期：14-28 天。

成　　蟲：4-9 天。

危　　害　卵散生，產在第二、三葉葉背，初孵化幼蟲爬到心芽裡，棲息在茶芽內危害，隨茶芽的伸長，將茶芽與嫩葉用絲纏在一起，做點狀纏住危害，受害嫩莖及嫩葉因而彎曲呈 P 字形。

型　　態　孵化初期呈淡赤黑色，隨後轉為淡乳黃色，在單眼後方的兩側各有一個黑色頰斑為重要特徵之一。老熟幼蟲體長平均 11 公厘。

▍黑姬捲葉蛾幼蟲（蕭素女）

▍危害心葉呈 P 字形

中文名稱	小綠葉蟬
英文名稱	Smaller green leaf-hopper
學名名稱	*Jacobiasca formosana* (Paoli)
俗名名稱	煙仔、趙煙、青仔、跳仔
分類地位	半翅目葉蟬科

生態習性 一年發生 14 個世代，臺灣各茶區全年皆可發現，成蟲發生的密度與田間溼度成正比，而與降雨強度明顯成反比，5-7 月為發生高峰，在東部茶區遇到暖冬時也會形成高峰期，皆與田間的氣象因子關係密切。一般以通風不良或雜草叢生的茶園容易被危害。受害芽所製成之烏龍茶具有獨特之香味，即一般所稱之「膨風茶」，為茶中珍品。

生活史 卵　期：11.4 天。

若蟲期：13.1 天。

成　蟲：26-35 天。

危害 小綠葉蟬主要於成、若蟲時期以其刺吸式口器吸食茶樹芽葉或幼嫩組織的汁液，芽葉或幼嫩組織受害後，使其生長發育受阻。危害初期幼葉及嫩芽呈黃綠色，嚴重時茶芽捲縮不伸長，葉呈船形捲曲，葉緣褐變，終至脫落。

型態 初孵化的若蟲體呈白色，半透明，吸食後轉變為黃白色，複眼紅色或紅褐色。三齡蟲複眼呈黃白色，胸及足呈淡黃色，腹部淡綠色，第四齡蟲體呈淡黃色，略透明，觸角淡褐色，複眼乳黃色，翅芽逐漸長出，第五齡蟲體呈黃綠色，複眼呈淡綠色，中央有黑色點。

▌ 若蟲背面

▌ 若蟲側面

▌ 成蟲背面

▌ 成蟲側面

葉呈船形捲曲，葉緣褐變

嚴重時茶芽捲縮不伸長

中文名稱	刺粉蝨
英文名稱	Citrus spiny white fly
學名名稱	*Aleurocanthus spiniferus* (Quaintance)
俗名名稱	黑煙子、灰煙子
分類地位	半翅目粉蝨科

生態習性　每年發生 4-6 代，若蟲期越冬，來春化蛹，成蟲於柑橘春芽萌發期羽化，隨之交尾，次日即在嫩葉之下表皮產卵，雌蟲可產卵 4-55 粒，卵期 11-27 天。

生　活　史　卵　期：11-27 天。

幼蟲期：17-90 天。

蛹　期：7-34 天。

成　蟲：2-3 天。

危　害　成蟲喜聚集嫩葉或成葉背面取食，主要發現於成熟葉片背面，以刺吸式口器吸食茶樹葉片養分，並會排出蜜露，誘發煤煙病。使枝條及葉片變黑，阻礙光合作用，影響樹勢發育。

型　態　若蟲體扁橢圓形，初為淡黃色，有觸角及足，待固定後軀體初為褐色，後變黑色，觸角、足漸退化，體周緣分泌白色蠟質物，並有細小齒狀突出物。

於葉背危害

聚集葉背並於下位葉造成煤汙病

中文名稱	奎寧角盲椿象
英文名稱	Tea mosquito bug
學名名稱	*Helopeltis fasciaticollis* (Poppius)
俗名名稱	大蚊仔、臭尿屁
分類地位	半翅目盲椿象科

生態習性 臺灣年發生 4-7 代，以成蟲越多，危害蹤跡目前分布在臺灣中南部地區茶園。喜棲息在茶園陰涼處活動，成蟲、若蟲均吸食茶樹之幼嫩芽、葉、枝條的汁液。卵大部分產於第二、三葉間之幼嫩組織內，只留二條等長之白毛露在組織外，每枝條約產 4.6 個卵粒呈一縱列。

生 活 史 卵　期：20.8 天。

　　　　若蟲期：9-12 天。

　　　　成　蟲：12-22 天。

危　　害 受害處形成黑褐色斑點，蟲體愈大，危害斑點愈大，其移動性及危害枝條數亦愈多。嚴重時受害芽停止生長且萎縮，甚至造成落葉，不但茶樹生長受阻且影響茶菁外觀、產量降低，其成茶水色呈黑褐色，滋味帶苦，影響製茶品質。

型　　態 成蟲雌蟲赤褐色，頭部短小，小楯板上有直立之長桿狀突起，翅暗褐色半透明，膜質部之尖端近處，有弦月形之透明部。雄蟲全體黑色，較雌蟲略小形。體長約 7-7.5 公厘。

吸食葉片造成斑點

若蟲

成蟲

中文名稱　咖啡木蠹蛾

英文名稱　Coffee stemborer

學名名稱　*Zeuzera coffeae* (Niether)

俗名名稱　鑽心蟲、白蛀蟲、咖啡蛀蟲

分類地位　鱗翅目木蠹蛾科

生態習性　每隻雌蟲產卵平均 600 粒，散產於幼嫩枝條、樹皮縫隙或芽腋處，本蟲一年發生 2 個世代，成蟲大多出現於 4-6 月及 8-10 月，幼蟲出現於 5-8 月及隔年 3 月，其中 6-7 月為幼蟲族群發生高峰期；幼蟲在枝條內越冬，次年春天開始活動取食，成蟲晝間棲息於枝葉或雜草等之陰蔽處，夜間開始活動，於黑暗中進行交尾，一生交尾一次。

生 活 史　卵　期：9-30 天。

　　　　　幼蟲期：70-200 天。

　　　　　蛹　期：19-36 天。

　　　　　成　蟲：2-9 天。

危　　害　全年田間均可見咖啡木蠹蛾各齡幼蟲危害茶樹，成蟲產卵於枝條縫隙或腋芽間，沿木質部周圍蛀食，造成一橫環食痕，環痕以上部分枯死，易受風吹而折斷，田間如發現受害枝條愈粗，則幼蟲齡期愈大，幼蟲有遷移習性。

型　　態　幼蟲體褐色，長約 18-22 公厘，密布白色鱗片及鱗毛，翅面有黑藍色如豹皮斑之點，觸角雄蟲羽狀，後翅基部雌蟲有九支短剛毛組成之翅刺，雄蟲具一長刺。

幼蟲鑽莖

成蟲

中文名稱	大避債蛾

中文名稱 大避債蛾

英文名稱 Giant bagworm

學名名稱 *Eumeta japonica* (Heylaerts)

俗名名稱 布袋蟲、蟲包、燈籠蟲

分類地位 鱗翅目避債蛾科

生態習性 大避債蛾每年發生 2 代，第一代為 2、3 月，第二代為 9 月。幼蟲生活於蓑巢內，巢乃幼蟲所吐的絲造成，外面附有破碎葉片、斷枝及葉脈等物，掛於枝條上縱列懸垂，幼蟲活動取食時負蓑巢移動，蓑巢隨幼蟲發育而加大，老熟幼蟲，化蛹其內。雌蟲羽化後仍居巢內，無翅，等待雄蟲飛來交尾，雌蛾可在袋內產下 1,500-2,000 粒卵。

生活史 卵　期：12-17 天。

幼蟲期：50-60 天。

蛹　期：8-22 天。

成　蟲：2-15 天。

危害 幼蟲生活於蓑巢內，巢乃幼蟲所吐的絲造成，外面附有破碎片、斷枝及葉脈等物。幼期以啃食葉表為主，較成熟幼蟲則造成穿孔危害，食量大，有時造成較大損失。

型態 幼蟲黑褐色，胸背淡黃，有黑褐斑紋，中央具有黑褐色縱帶。體長約40 公厘，蓑巢長度為 50-70 公厘。

大避債蛾危害葉片，取食殆盡

大避債蛾蓑巢

| 大避債蛾幼蟲

※ 對比臺灣避債蛾危害狀及蓑巢

| 臺灣避債蛾危害狀

| 臺灣避債蛾蓑巢

中文名稱	小白紋毒蛾
英文名稱	Small tussock moth
學名名稱	*Orgyia postica* (Walker)
俗名名稱	刺毛蟲
分類地位	鱗翅目毒蛾科

生態習性　一年發生 8-9 世代，以第三至五世代危害較嚴重，發生盛期為 8-10 月。初齡幼蟲群聚取食葉片表皮，三齡後各自離散，找尋新的部位，如花穗或幼莢危害。成熟幼蟲於葉片或樹枝上化蛹，雌成蟲無翅，羽化棲息均在繭上或其附近，靜待雄蛾飛來交尾。卵即產在繭上。幼蟲及繭上的毒毛具有劇毒，接觸皮膚時會有紅腫或過敏現象。

生 活 史　卵　期：5-13 天。

　　　　　幼蟲期：14-19 天。

　　　　　蛹　期：6-14 天。

　　　　　成　蟲：7-10 天。

危　　害　成熟幼蟲於葉片或樹枝上化蛹，雌成蟲無翅，羽化棲息均在繭上或其附近，靜待雄蛾飛來交尾。卵即產在繭上。初齡幼蟲群聚取食葉片表皮，三齡後各自離散，找尋新的部位。

型　　態　幼蟲頭部紅褐色，胴部淡赤黃色，背面黑色，腹部前半部有兩束、近後端部一束長毛皆暗褐色，其後各節背方四束、側方兩束為黃白色，體長 22-30 公厘。

卵產於繭上

冬季型幼蟲

雄蟲（上）和無翅雌蟲（下）

幼蟲危害葉片，只剩枝條

中文名稱	茶毒蛾
英文名稱	Tea tussock moth, Brown-tail moth
學名名稱	*Euproctis pseudoconspersa* (Stand)
俗名名稱	茶毛蟲、毒毛蟲、刺毛狗蟲
分類地位	鱗翅目毒蛾科
生態習性	一年發生 5 代，各蟲期常重疊，以 2-5 月發生較多。

生活史
卵　期：11-17 天。
幼蟲期：31-45 天。
蛹　期：6-16 天。
成　蟲：7-14 天。

危害
初齡幼蟲群集葉背取食，成熟幼蟲於枝幹空隙或落葉間作黃褐色繭而化蛹。卵塊產於葉背，外面附有雌蛾毒毛。其食量不大，對茶樹的發育並不構成威脅，但體上之毒毛，田間及製茶工作者不慎觸及，會使皮膚極度癢腫，此時切勿抓癢，應立即用水沖洗，嚴重時，沖洗身體並更換乾淨衣服。

型態
孵化時頭部黑色，二齡以後幼蟲頭呈黃褐色，在第 1、2 節背部具毒刺毛，生有兩個黑色瘤。成長後幼蟲淡黃色，密生白色長毛，頭部黃褐色，背線暗褐色，亞背線及氣門上線黑色，在中間形成明顯的白線。腹節具有叢毛瘤突，刺毛白色；背上的一對瘤突特別大，黑色，在前胸節氣孔前方的瘤突特別高，密生白色長毛。體長 25-30 公厘。

幼蟲聚集葉背取食

成蟲

中文名稱	尺蠖蛾
英文名稱	Giant tea looper
學名名稱	*Biston marginata* (Shiraki）
俗名名稱	拱背蟲、造橋蟲、黑頭枝尺蠖
分類地位	鱗翅目尺蠖蛾科
生態習性	一年僅發生 1 代，成蟲在 4 月底、5 月初出現，在白天多棲息於相思樹幹，黃昏後活動。卵成堆產於樹幹之裂縫，每隻雌蛾產卵次數為一至三次。老熟幼蟲在地面下深約 1-4.5 公分的淺土中化蛹。本蟲在田間大量發生僅 1-2 次，且均發生在 3-5 月及 11-12 月。
生活史	卵　期：14 天。 幼蟲期：30 天。 蛹　期：7-10 天。 成　蟲：10-14 天。
危害	幼蟲孵化後，吐絲隨風飄到茶樹上。初齡幼蟲取食嫩葉，三、四齡後取食成葉，危害嚴重時，整株茶樹只剩枝條。
型態	幼蟲體黃綠色，有不明顯的黑褐色斑點。頭頂凹陷，兩側呈角狀。第九節具腹足一對，第十三節具尾足。

幼蟲取食葉片

中文名稱	茶細蟎
英文名稱	Yellow tea mite
學名名稱	*Polyphagotarsonemus latus* (Banks)
俗名名稱	無
分類地位	蟎蜱目細蟎科
生態習性	細蟎常發生於亞熱帶和熱帶地區，溫帶地區在溫室內危害較多。夏季完成世代發育只需 4-5 天，冬季約 7-10 天，雌蟎一生可產 40 枚卵，在夏季一天產卵為 3.6 枚，冬季產量降低。一般而言，此細蟎週年發生，一般卵均產於心葉凹陷處，黏附力強，蟎體多集中在陰暗及潮溼處。成蟎和幼蟎多不太遷移，然棲息之蟎體群落在成葉上太多時，則會遷移至較嫩之葉片上，交配雄蟎有將雌蟎背負從老葉爬行至新鮮嫩葉上之習性。
生 活 史	卵　期：2-3 天。 幼蟲期：1-3 天。 蛹　期：2-3 天。 成　蟲：9 天。
危　　害	雌成蟎將卵產在花芽或葉芽等幼嫩部位，幼蟎孵化後和成蟎一起棲息於心芽或花芽等幼嫩組織中刺吸汁液，造成新葉伸展不良，扭曲變形，密度高時心芽及新葉焦枯脫落。
型　　態	初孵化之幼蟎為半透明狀，一段時間後變為乳白色半透明狀，足三對；後幼蟎體淡黃色，足四對。

嫩葉受害

中文名稱	神澤氏葉蟎
英文名稱	Kanzawa spider mite
學名名稱	*Tetranychus kanzawai* (Kishida)
俗名名稱	紅蜘蛛、紅蝨
分類地位	蟎蜱目葉蟎科

生態習性　成蟎產卵於葉背，成、幼蟎均群棲於葉裡或葉面凹部吸食危害，此蟎在田間常有吐絲降落隨風飄蕩而分散之習性。幼蟎有三齡，每齡平均 1.52 天。自卵至成蟎 8-10 天，每一雌蟎一生平均可產 38-46 粒卵，卵產於葉背，略有集中一隅之勢，卵上覆有絲質保護物。在北部自 5 月下旬開始發生，夏季為發生盛期，至冬季往茶樹近地面葉片棲息，或附近豆科植物、雜草上，全年世代平均日數約 41 天，一年 21 代。

生活史　卵　期：3-4 天。
　　　　　　若蟲期：6-12 天。
　　　　　　成　蟲：3-28 天。

危　害　成蟎及幼蟎以銼吸式口器危害吸食汁液，受害嫩葉葉面，初期呈淡黃綠色斑點，受害嚴重時，葉變畸形，葉尖朝上，容易脫落。受害之老葉葉背則呈赤褐色，葉面光澤消失。當採收期間危害時，對收穫量及品質影響甚鉅。

型　態　幼蟲具三對足，初孵化之幼蟎為半透明狀，一段時間後變為乳白色半透明狀，幼蟎經過一段靜止期後脫皮為前若蟎，具四對足，體背兩側各具一深色斑點。此期個體與成蟎期相近似，僅在大小及生殖器上可區分。再經過一次蛻皮即為成蟎。

■ 危害狀

中文名稱	臺灣青銅金龜
英文名稱	June beetle, Green Beetle
學名名稱	*Anomala espansa* (Bates)
俗名名稱	雞母蟲
分類地位	鞘翅目金龜子科

生態習性 臺灣青銅金龜成蟲於 5-10 月出現產卵；幼蟲期（即蠐螬）均棲息在土中，族群密度以 1-3 月和 8-10 月為最高，由於危害初期不易察覺，待茶樹呈現異常時已錯失防治適期。幼蟲在土中垂直棲息分布，隨其發育成長由淺而深，以地表下 0-10 公分處密度最高，占 57.2%，11-20 公分處次之，占 40%，化蛹時，再由深處向淺處遷移；在土中分布橫向，距離茶樹主幹愈遠，密度愈低。族群密度往往與堆肥原料、土壤種類、土壤酸鹼度及成蟲出現期間，茶園周邊雜草的生長以及種類均有直接、間接的關係。

生活史 卵 期：13-19 天。

幼蟲期：8-10 個月。

蛹 期：21-27 天。

成 蟲：1-3 個月。

危 害 初齡幼蟲危害近地際部之地下莖皮層，隨成長進而危害木質部和根部，受害部位明顯殘留被咬的痕跡。幼木茶樹受害後整株枯死。當茶園的耕作管理及排水情形良好，茶樹地上部又未受到其他病蟲害侵害，然仍有上列情形發生時，很可能茶樹地下部遭受蠐螬（雞母蟲）的危害。

型 態 幼蟲又稱雞母蟲，蟲體肥胖，呈 C 形彎弧之白色蠐螬型，蟲體較赤腳青銅金龜稍大，體長 25-30 公厘。

幼蟲

成蟲

中文名稱	臺灣土白蟻
英文名稱	Taiwan termite
學名名稱	*Odontotermes formosanus* (Shiraki)
俗名名稱	黑翅土白蟻、大水螞蟻
分類地位	蜚蠊目白蟻科

生態習性　本蟲終年可見，於 4-10 月間出現，往往在雨天之黃昏時刻成群飛翔，後漸降落地面脫去翅膀。雌雄交配後即於地表下造巢。巢在地下 20-100 公分處，巢由一個主巢與數個哺育巢而成，主巢為女王蟻生活產卵之處，呈扁平狀，哺育巢為培育幼蟲及亞成蟲之處，也培養食用菌類，呈半球狀，大者直徑達 15 公分，高 10 公分，哺育巢之間以坑道互相連接，而坑道末端到達危害植物上。

生活史　卵　期：20 天。

　　　　若蟲期：1 個月。

　　　　成　蟲：1 年（兵、工蟻）。

危　害　白蟻危害茶樹的根與莖，危害莖時，在枝條外側覆上一層泥土，棲於內面危害。危害地下根時，則順著根系周圍築成一坑道危害。

害蟲型態　工蟻身體近白色透明，外骨骼薄軟，頭圓形，觸角念珠狀。兵蟻無翅為非生殖型，頭部大顎發達稱顎兵，主要在攻擊和嚇阻。

工蟻（曾信光）

受害植株（曾信光）

中文名稱	茶角盲椿象
英文名稱	Tea mosquito bug
學名名稱	*Helopeltis fasciaticollis* (Poppius)
俗名名稱	茶蚊子
分類地位	半翅目盲椿科

生態習性　一年發生 4-8 世代，以成蟲越冬，北部於 4 月，中部從 3 月開始產卵，產卵期甚長，約 15-47 天，平均 28 天，此間斷斷續續，分成二十多次產卵，多者可四十多次產卵，一隻雌蟲之產卵數平均 135 粒，多者達 300 粒，一天之產卵數 1-5 粒，多時達 20 多粒。雌蟲交尾前期約 4 天，交尾後立刻開始產卵，唯遇越冬期者達 5 個月以上。幼蟲經四次脫皮後成成蟲。雌蟲將卵產於嫩葉、幼梢、花蕾等部位，因卵粒頂端具一細毛，產卵後仍露出幼梢表面，故易被發現。成蟲於北部自 11 月中旬停止產卵而進入越冬，至翌年春季又繼續產卵，然冬季仍可攝食危害，危害盛期為 5-7 月及 9-11 月間，通風不良的茶園容易受到危害。

生　活　史　卵　期：1-18 天。

　　　　　　若蟲期：11-15 天。

　　　　　　成　蟲：最長 60 天。

危　　　害　受害處形成黑褐色斑點，蟲體愈大，危害斑點愈大，其移動性及危害枝條數亦愈多。嚴重時受害芽停止生長且萎縮，甚至造成落葉，不但茶樹生長受阻且影響茶菁外觀、產量降低，其成茶水色呈黑褐色，滋味帶苦，影響製茶品質。

型　　　態　雄成蟲體軀全身黑色，雌成蟲前胸板為黃色斑，腹部則淡綠色。觸角細長，約為體長的二倍。小楯板有一向後方彎曲的長形桿狀突起，其先端膨大呈球形。

成蟲（莊益源）

危害狀

CHAPTER 11

臺灣常見天敵

天敵在臺灣生物防治應用
之發展及願景

段淑人　唐政綱

前　言

　　農業部農糧署自 2017 年 5 月 5 日發布「友善環境耕作推廣團體審認要點」，想利用推廣友善環境耕作，使國內友善及有機驗證田區的面積得以迅速成長。而友善耕作農法與有機農業之栽培模式類似，但認定資格條件有所不同。有機農業必須經由獲得全國認證基金會評鑑通過之農產品驗證機構給予公正獨立的驗證過程加以評估，確認符合農糧署有機農產品驗證方案與 ISO 17065 標準者，方能宣稱有機。其與友善耕作兩種管理方式均需要遵循不使用化學農藥、化學肥料、基因改造生物之製劑與資材或病蟲草害防除用途之化學藥品的基本原則外，友善農法目前尚未有如前述之驗證機制，但必須維護水土資源、生態環境與生物多樣性，促進農業友善環境及資源永續利用才是其特色，故強調的就是推動友善環境農業，以保護家園生態永續。然而該如何維護生態環境與生物多樣性呢？農政單位為鼓勵農民將慣行農法轉化為友善農法，再與有機驗證接軌，是否能快速地產生對寄生性與捕食性天敵更有利的田間環境呢？

　　自 1909 年起，我國農政單位、試驗場所及學術機構致力於生物防治資材及施用技術的研發，更持續引進天敵，迄今已近百種，但是究竟尚存多少物種足以抗衡害蟲的猖獗？我們曾經投入的研究及推廣是否能藉由友善農法之實踐，而使生物防治資材應用更容易發揮正面效益？未來又該如何調整天敵研發的方向呢？在數十載生物防治推動的時間軸上，是否可以結合應用化學的製劑技術，研發更適合天敵取食的人工替代食餌降低生產成本，再串聯生物產業機電科技開發自動化餵食鏈提升

天敵量產規模，或佐以非農藥防治技術及安全減量用藥模式、配合農業操作手法，以有效留住天敵，興旺牠們的族群豐度，並提高其在農田防治害蟲之潛能，讓臺灣未來的生物防治具有充滿希望的願景呢？本篇即回顧過去寄生蜂及捕食性天敵的推廣工作，包括天敵之引進的紀錄、釋放的情況與檢討，目前正在研發推廣的天敵種類、應注意改善的農業條件及管理方式，最後提出淺見探討未來可行的研究方向。

臺灣引進天敵紀錄

吹綿介殼蟲（*Vedalia cardinalis*）在 1905 年曾在臺灣大發生，於 1909 年首度自紐西蘭引進的天敵係澳洲瓢蟲（*Rodolia cardinalis*）防治柑橘吹綿介殼蟲（*Icerya purchasi*），此為亞洲地區生物防治成功之第一例（章，2011）。又在 1913-1955 年間，為了防治香蕉假莖象鼻蟲（*Odoiporus longicollis*），自印尼、斐濟兩國三度引進爪哇閻魔蟲（*Plaesius javanus*）。於 1916-1980 年間又多次地自印尼、菲律賓、越南、印度、西印度群島及馬來西亞等地分批引進爪哇黃足黑卵蜂（*Telenomus beneficiens*）、白螟黑卵蜂（*Telenomus beneficiens* var. *elongates*）、呂宋小繭蜂（*Chelonus semihyalin*）及印度紫螟小繭蜂（*Bracon hebetor*）等，用於防治甘蔗棉蚜（*Ceratovacuna lanigera*）、甘蔗螟蛾（條螟）（*Proceras venosatus*）、黃螟（*Tetramoera schistaceana*）、白螟（*Scirpophaga excerptalis*）、二點螟（*Chilotraea infuscatella*）及紫螟（*Sesamia inferens*）等甘蔗害蟲；1923 年自夏威夷引進瓜實蠅小繭蜂（*Opius fletcheri*）防治瓜實蠅（*Bactrocera cucurbitae*）；1959 年自美國引進蘇力菌（*Bacillus thuringiensis*）防治鱗翅目害蟲；1969 年自日本引進斯氏線蟲（*Steinernema carpocapsae*）防治多種農業害蟲；1973 年自荷蘭引進小繭蜂科（*Apanteles vestalis*）及姬蜂科（*Diadegma fenestralis*）防治小菜蛾（*Plutella xylostella*）；1974 年自日本引進紋白蝶絨繭蜂（*Apanteles glomeratus*）防治紋白蝶（*Pieris rapae*）；1983 年自關島引進紅胸葉蟲釉小蜂（*Tetrastichus brontispae*）防治可可椰子紅胸葉蟲（*Brontispa longissima*），同年自夏威夷引進綠椿象卵寄生蜂（*Trissolcus basalis*）防治雜食性綠椿象（*Nezara viridula*）；1983-1984 年自留尼旺島引進亮腹釉小蜂（*Tamarixia radiata*）防治柑橘木蝨（*Diaphorina citri*）；1984 年

自美國引進歐洲玉米螟赤眼卵蜂（*Trichogramma nubilale*）防治亞洲玉米螟（*Ostrinia furnacalis*）；赤眼卵蜂（*Trichogramma* spp.）防治小菜蛾及蔗螟（條螟及黃螟等）、荔枝細蛾（*Conopomorpha litchiella*）等；1985 年自印尼引進彎尾姬蜂（*Diadegma semiclausum*）防治小菜蛾（*Plutella xylostella*）；同年中央研究院自夏威夷引進蛹寄生蜂——格氏突闊小蜂（*Dirhinus giffardii*）防治東方果實蠅（*Bactrocera dorsalis*）；1987 年自夏威夷引進香蕉弄蝶絨繭蜂（*Cotesia erionotae*）及香蕉弄蝶卵蜂（*Ooencyrtus erionotae*）防治香蕉弄蝶（*Erionota torus*）；1988 年自荷蘭、日本引進溫室粉蝨恩蚜小蜂（*Encarsia formosa*）防治溫室粉蝨（*Trialeurodes vaporariorum*）；1989 年引進反顎繭蜂（*Dacnusa sibirica*）防治非洲菊斑潛蠅（*Liriomyza trifolii*）；1990 年自中國廣東引進赤眼卵蜂（*Trichogramma embryophagum*）防治亞洲玉米螟；1991 年自印尼引進甘蔗綿蚜寄生蜂（*Encarsia flavoscutellum*）防治甘蔗棉蚜；1992 年自尼加拉瓜或牙買加引進小菜蛾寄生蜂（*Diadegma insularis*）或瑞士引進小菜蛾蛹寄生蜂（*Oomyzus sokolowskii*）防治小菜蛾；1993 年自美國引進歐洲玉米螟幼蟲小繭蜂（*Macrocentrus grandii*）防治亞洲玉米螟；1995 年引進恩蚜小蜂（*Encarsia* spp.）防治螺旋粉蝨（*Aleurodicus dispersus*）；1983-1990 年間數次自美國及澳洲引進加州捕植蟎（*Amblyseius californicus*）、法拉斯捕植蟎（*Amblyseius fallacis*）及智利捕植蟎（*Phytoseius persimilis*）等防治二點葉蟎（*Tetranychus urticae*）。自 1909-1995 年間，引進臺灣地區的害蟲天敵總計 60 種天敵昆蟲，包含寄生性膜翅目 41 種（68%）、捕食性鞘翅目 10 種（17%）、寄生性雙翅目 6 種（10%）為主。若以天敵主要防治對象（害蟲種類）來分類，計水果害蟲 20 種、蔬菜害蟲 17 種、甘蔗害蟲 27 種、花卉害蟲 6 種、雜糧害蟲 8 種。這些害蟲的作物環境，通常即為天敵引進後釋放之處所。以上係由天敵引進主管機關（農業部動植物防疫檢疫署）核准資料，再節錄自農業試驗所陳健忠博士及林業試驗所趙榮台博士整理的網路公開資訊。

天敵釋放於田間之表現與檢討

防檢署提供的資料顯示，自 1995 年至 2007 年 11 月，大專院校或研究單位申

請引進的農作物害蟲天敵仍有 30 種之多。然而僅有少部分引入的天敵能在臺灣農業體系中發揮生物防治——抑制害蟲棲群。亦即雖然在引進後於實驗室量產、增補釋放多次，但部分未能展現良好防治成效，或者在釋放後由監測資料顯示天敵於田間的密度逐年明顯減少，故終究無法讓天敵在農田中建立族群或穩定成長。探究其原因可能有下列主要因素：(1) 臺灣氣候全年似無寒冬，暖春炎夏暑秋造成害蟲增長快速；(2) 全臺的可耕農地有限且多為小農制加上連續複種，致使害蟲全年均有豐腴的寄主植物可食並繁殖大量子代；(3) 國內多以噴施化學農藥為主要防治手段的環境，害蟲在發育快、繁殖多的優勢下，很容易在農藥逆境下被篩選出抗藥性，但天敵卻無法像害蟲一樣發育快、繁殖力強且對農藥能產生抗藥性，故頻頻被殲滅，無法立足田間；(4) 研究單位所量產的天敵數量仍不敷實際田間足以抑制害蟲密度激增的釋放需求量；(5) 即使技轉予民間廠商，但因生產天敵的人力成本偏高、生物體的活性及貯存技術未臻完善，因而不易長期庫存，以致供應農用的即時性和足量性不佳；(6) 將天敵釋放至田間時應避免嚴酷的天氣狀況，大雨、颱風或炎熱豔陽（上午 10 點至下午 3 點）均不適合釋放天敵；(7) 當採收農作物時或害蟲密度過低而導致天敵缺乏維生的食物及棲所，尤其對於專一性較高的天敵則影響更鉅；(8) 寄生蜂成蟲需要有蜜源植物提供能量、延長壽命，而農田多為單一化作物栽培，缺乏綠籬植物提供避難所及蜜源，導致天敵存活力及寄生率降低，也因而無法在田間建立族群，並發揮生抑制害蟲之功效。

目前國內進行中的天敵推廣應用

以下就目前國內已建立量產流程及釋放方法的天敵，農民可經由農業改良場所推廣試用或自行向廠商購買使用的天敵物種簡要式介紹，如：寄生性天敵則有平腹小蜂可防治荔枝椿象（卵）；格氏突闊小蜂可防治東方果實蠅（蛹）。捕食性天敵：基徵草蛉可防治葉蟎類、蚜蟲、粉蝨等；黃斑粗喙椿象可防治紋白蝶、斜紋夜盜蛾等幼蟲；闊腹螳螂可防治蝗蟲、蛾、蝶、蠅類等成蟲；南方小黑花椿象可防治薊馬、粉蝨、蚜蟲、葉蟎等。

1. **黃斑粗喙椿象**（*Cantheconidea furcellata*）為廣食性捕食椿象，可以大量捕

食鱗翅目幼蟲，如斜紋夜蛾、甜菜夜蛾、擬尺蠖、紋白蝶、小菜蛾及毒蛾等；亦可捕食鞘翅目、膜翅目、半翅目等 40 種以上之幼蟲。分布於斯里蘭卡、緬甸、泰國、印度、馬來西亞、菲律賓、臺灣及大陸等地。25℃下黃斑粗喙椿象的卵期約 7-8 天、若蟲期有五個齡期共計約 24-27 天，雌雄成蟲一般可存活 1-2 個月，一生捕食鱗翅目幼蟲的量可達上千隻。苗栗區農業改良場已建立大量飼育此天敵的方法，若有需求亦可向苗改場生物防治分場洽詢，或向民間私人公司購買。而國立中興大學昆蟲學系亦於 2016 年藉由該場協助，將此椿象應用於斜紋夜蛾、小菜蛾及甜菜夜蛾等三種重要蔬菜害蟲的生物防治研究上（Tuan et al., 2016a）。此大型的捕食性椿象能在有機農田中以斜紋夜蛾等鱗翅目幼蟲為食而立足，故常有機會能於農田作物上看到牠們，但農民因不認識而誤以為是害蟲，竟動手捕殺之，農政及試驗單位應多加以宣導，即能讓農民正確識別此益蟲，勿再錯殺。

2. **南方小黑花椿象**（*Orius strigicollis*）體型較小係雜食性，由於活動力強且食量大，故為高潛力的天敵，可捕食植食性薊馬、粉蝨、葉蟎、蝶蛾卵、蚜蟲等小型害蟲。在田間的菊科雜草上輕易可見，牠會鑽入植物花苞及嫩芽縫隙間捕食藏匿的薊馬，一生可捕食 300 餘隻薊馬。自卵發育為成蟲需時約 3 週，亦可用於一般害蟎的防治，一生可食 500 隻以上的葉蟎。農試所與臺南區農改場朴子分場合作，已建立大量繁殖南方小黑花椿象的基礎技術，數年前則技轉給苗改場天敵中心。目前已由苗改場生防分場持續量產，若有需求亦可向苗改場生防分場洽詢，或向民間私人公司購買。筆者亦以粉斑螟蛾（*Cadra cautella*）卵作為替代食餌進行量產南方小黑花椿象的工作，其族群成長率較捕食二點葉蟎卵為佳（Tuan et al., 2016b）。

3. **草蛉**是一種雜食性的捕食性天敵昆蟲，已記載 90 屬 1,400 種，該種天敵昆蟲會捕食蚜蟲、粉蝨、介殼蟲、葉蟬及木蝨類，及葉蟎、柑橘潛葉蛾，以及多種鱗翅目及鞘翅目昆蟲之初齡幼蟲及卵等。許多國家均分別應用於棉花、胡瓜、馬鈴薯、柑橘、梨等作物的害蟲之防治。臺灣本土性的草蛉中，以基徵草蛉（*Mallada basalis*）和安平草蛉（*M. boninensis*）兩種較受矚目，研究也較為深入。由於草蛉的食性較廣，容易於室內大量飼養，朴子玉米中心及台糖研究所曾以外米綴蛾（*Corcyra cephalonica*）的卵作為替代食餌、建立飼養流程，但耗費人力、生產成本高。為了降低成本、提高產能，農試所應用動物組建立了以微膠囊人工卵來飼育

草蛉幼蟲，同時完成研發該天敵之冷藏與運輸技術。在草莓上釋放，可有效抑制二點葉蟎及神澤氏葉蟎，達到壓抑葉蟎之目的。筆者於實驗室中以粉斑螟蛾卵飼育基徵草蛉可大量繁殖之，而防治試驗中顯示其對蚜蟲及二點葉蟎有良好旳捕食率。我國近年來為防治蚜蟲傳播木瓜輪點毒素病，同步利用網室隔絕蚜蟲，並釋放天敵，以有效抑制木瓜輪點病毒之傳播。若有需求亦可向苗改場生防分場洽詢，或向民間私人公司購買。

4. **闊腹螳螂**（*Hierodula patellifera*）是大型且行動敏捷的捕食性天敵，食性雜，可捕食多種昆蟲如蝗蟲、蚊蠅類、蛾類等，若可供應充足的食餌，則可大幅提高其產卵量而產生大量的螵蛸。苗改場已建立利用東方果實蠅及其他蠅類來繁殖螳螂。溫度 25℃ 以上一年可有 3 代，需 90-120 天完成一世代，若蟲 7-8 齡、成蟲壽命 120 天左右，雌成蟲可產 3-5 個螵蛸（100-250 粒卵／螵蛸）。螳螂視力極佳、銳利多刺的捕捉足反應快速，增加掠奪獵物的效率。初孵化之一齡若蟲即可上陣捕殺害蟲，捕食期自一齡蟲至成蟲死亡前平均可長達半年之久。若有需求亦可向苗改場生防分場洽詢。

5. **平腹小蜂**（*Anastatus japonicus*）為膜翅目（Hymenoptera）旋小蜂科（Eupelmidae），平腹小蜂雌雄成蟲之性比約 15：1，平均一隻平腹小蜂雌成蟲一生大約可產下 140 顆卵，預估每釋放 10,000 隻平腹小蜂中，即約有 9,300 隻是雌成蟲，這些雌蟲最高可寄生 1,302,000 隻荔枝椿象，防治效果極佳。因一年一世代的荔枝椿象僅在每年的 3-7 月產卵，無法整年有卵可供平腹小蜂寄生，且其卵量無法大量提供用以在實驗室內量產繁殖平腹小蜂，苗栗場目前以蓖麻蠶（*Samia cynthia*）取代荔枝椿象作為平腹小蜂的替代寄主。為利農民方便釋放，目前以盒杯方式裝置平腹小蜂，盒內的平腹小蜂已羽化 5-7 日，為具最佳的寄生狀況，農民僅需將盒蓋打開，平腹小蜂會自行飛出，於田間尋找荔枝椿象的卵進行寄生，因釋放時機會影響寄生效果，建議農民選擇天氣良好，無風雨的時間釋放（許等，2017）。近年來苗改場生防分場一直努力量產此種卵寄生蜂，持續努力供應荔枝農民在每年 2 月底、3 月初至 6、7 月間，耗費相當人力，加上準備好的卵粒不能先繁殖寄生蜂，因其被冷藏後會降低寄生蜂羽化率。又即使供應釋放至田間，卻因農民多仰賴農藥施灑，不僅造成開花期來訪花授粉的蜜蜂毒害，也傷害在田間羽化的

寄生蜂，有可能尚未寄生椿象卵粒即中毒死亡。更可能因荔枝椿象可在殼斗科植物如無患子及行道樹——臺灣欒樹上棲息繁殖，故對防治工作產生很大的影響，至今效果仍極有限。自 2019 年起國立臺灣大學昆蟲學系及私人公司亦有販售平腹小蜂，農民宜儘早於 2 月分即訂購，方能於 2 月底至 3 月初起釋放，建議一分地釋放 2,000 隻平腹小蜂，可有效減少荔枝椿象數量，並減少農藥施用量，讓蜜蜂不會受到農藥毒害，可以順利授粉提高產量。

6. **菸盲椿象**（*Nesidiocoris tenuis*）主要捕食對象為粉蝨類及潛葉蠅等，其活動力強、捕食量大，用於溫室內效果甚佳，但因其為雜食性昆蟲，不僅捕食小型昆蟲亦需要吸取植物汁液補充養分、水分，不建議施放於菸草種植期。但可用於茄科作物，尤其是網室番茄園，每平方公尺可施用 1-2 隻，若害蟲發生嚴重時則需提高釋放量。本天敵可向民間公司購買，建議使用時應於田區內種植芝麻作物供其必要時吸食，但釋放密度不可過高，以免傷及農作物。

7. **格氏突闊小蜂**（*Dirhinus giffardii*）屬膜翅目（Hymenoptera）小蜂科（Chalcididae），為一種廣寄主性的蛹寄生蜂，經由苗改場及其他學術試驗單位測試證實，此寄生蜂對東方果實蠅的寄生效力在 20-30℃的環境下可成功寄生果實蠅蛹體，於 30℃的處理下，具有最高繁殖潛能，平均產卵期約為 52 日，可成功寄生果實蠅蛹體，並產生近 90 隻後代。目前苗改場生防分場正致力於瓜果實蠅蛹寄生蜂的量產技術及應用，每週可約生產 380,000 隻寄生蜂，可提供農民於田間釋放。生防分場已建立量產此蛹寄生蜂之流程及技術，亦經過多年的田間試驗確定其防治效果良好，若有需求亦可向苗改場生防分場洽詢。

8. **玉米螟赤眼卵寄生蜂**（*Trichogramma ostriniae*），自 1984-1991 年間經由臺灣糖業試驗所的努力，建立了以外米綴蛾卵粒為替代寄主，於室內量產赤眼卵蜂製成寄生的卵片，並在即將羽化前分送給農民使用。於玉米一期作時大面積釋放玉米螟赤眼卵蜂，並配合微生物藥劑（蘇力菌）使用，成功地壓抑臺灣玉米主要害蟲——亞洲玉米螟（*Ostrinia furnacalis*）之危害，且降低農民對化學殺蟲劑之依賴。目前臺南區農改場仍持續繁殖該寄生蜂，若有需求可向臺南農改場朴子分場洽詢，然因台糖量產外米綴蛾卵紙的人力不足，故臺南場能供應的卵寄生蜂亦有限。使用方法為：於株高 15-20 公分（播種後 20-25 日），開始釋放玉米螟寄生蜂片一

次，後每隔 4-5 天再釋放一次，每次每公頃釋放蜂片 150 片。釋放蜂片之行距 6 公尺（8 行），行上蜂片與蜂片之距離亦為 6 公尺（約 8 步），將蜂片卵面朝外，用釘書機釘於葉片背面靠中脈彎垂處，次日寄生蜂即羽化飛出尋找玉米螟卵粒寄生。蜂片釋放時如遇雨天或惡劣天候，應暫停釋放，並將蜂片暫存冰箱，等候天氣放晴再行釋放。

目前國內生物防治工作面臨的困境與轉機

　　一般而言，天敵的釋放需配合害蟲的發生步調，包括害蟲的密度、齡期（卵、幼蟲、蛹期及成蟲期），考量天敵對害蟲種類或齡期之專一性、寄生率及捕食能力等，並在氣候條件溫和的情形下，以正確的釋放率（天敵數量：害蟲數量）方能展現生物防治效果。然而，生物的個體差異性很大，且昆蟲係外溫動物，溫度常影響其發育率及活動力或食量、產卵量，甚至光週期亦會影響其交配及繁殖能力，隨著日齡老化亦會產生不捕食、不產卵的情形，又不能即時放大族群或冷藏冷凍。因此，天敵的利用彈性大幅降低，無法因田間害蟲猖獗時，立即投入大量天敵，產生有效壓制害蟲密度的功效。尤其是自國外引進的天敵可能存在所謂「水土不服」現象，即使經過專家評估過在臺灣應用之可行性，但近年來氣候變遷、暖化及降雨不均的現象更嚴重影響作物的開花，也間接影響天敵的適存性。人為因素則歸責於臺灣慣行農法的用藥模式及單一作物的不友善程度，天敵無法在此等逆境或壓力下存活，或許也可能產生較嚴重的子代雄性化趨勢，導致無法持續繁衍子代、建立棲群，而面臨消失。值得慶幸的是，近二年來政府已大力推動友善政策，實質鼓勵農民能在不用化學肥料及農藥的操作原則下，營造友善農田環境並提升生物多樣性，以期可永續農田活力及食安品質。此時再結合現代科技 —— 利用自動化量產及釋放天敵的設計、降低生物防治成本，又以友善方式提高田間蜜源植物，均係綜合管理策略中以生物防治技術再度領航的難得轉機。

我國生物防治技術的未來發展方向及願景

　　生物防治的首要條件即是要有能即時足量供應的天敵資材，然而我們國內目前天敵量產的系統全然仰賴以人工飼育他種昆蟲作爲替代食餌，在成本及效益上均屬耗工費時又無法提高產能的狀態。不同的營養成分對天敵的壽命及繁殖力有決定性的影響（Chang and Hsieh, 2005; Tuan et al., 2016b）。故研發適宜的食餌對量產天敵實屬關鍵性的課題，然若想降低成本則應研發人工飼料配方與自動化機械管理生產流程。目前苗栗改良場生物防治分場與臺灣大學及中興大學均有合作，致力該等研究開發工作。在進行天敵釋放前應注意氣象資料之蒐集，選對時機、地點、作物田及方法（數量、頻度、高度或位置），應避免其遭受逆境壓迫。且應做好保育工作，努力營造更適合天敵生存的友善空間，包含綠籬、草生栽培、蜜源植物及天敵避難所之設置。花蓮改良場在綠籬植株品種的選擇及管理上有多年的經驗，而在農業操作、耕作防治上的配套措施，如間作及條收，提供天敵能有更多棲所，已蓄勢待發，均有良好的推廣示範。而當害蟲密度過高必須用藥時，應愼選對天敵友善藥劑及濃度，可先將害蟲密度壓制後再釋放適量的天敵。掌握正確的釋放率及頻度才能達到經濟、安全又有效的防治成效（Tuan et al., 2016c）。

結　語

　　臺灣耕地面積密集，屬於小農制、連續多期之複種方式，且病蟲害管理方式零散，因而缺乏綜合管理之理念與共同防治之體制，致使病蟲害孳生源不斷。又由於長期的用藥不當，造成害蟲抗藥性的產生，農民因此增加用藥劑量與種類，導致藥害或殘留過量，使消費者對農產品安全品質存疑。同時過度施用化學藥劑也破壞了自然生態的多樣性及土壤生機，造成多種天敵昆蟲或蜜蜂成爲無辜的犧牲者，若因此而影響蟲媒授粉、結果率下降，則產生得不償失的反噬作用。爲了要達到善加應用天敵作爲生物防治的利器，我們必須用心經營，提供有利於天敵的生態條件、減少用藥、營造對天敵友善的農業環境，讓我們賴以生存的地球永遠朝氣蓬勃。也期望政府推動的友善耕作法能連動業者投資生產天敵，讓臺灣的農業得以成爲先進國家的亮點。

中文名稱　　黃斑粗喙椿象

學名名稱　　*Eocanthecona furcellata* (Wolff)

分類地位　　半翅目食蟲椿科

防治對象　　紋白蝶、斜紋夜蛾、甜菜夜蛾、小菜蛾、猿葉蟲等幼蟲。

生態習性　　以刺吸式口器插入寄主體內，吸食體液同時麻痺寄主。二、三齡聚集取食，後期分散行動。

生 活 史　　卵　期：卵呈長圓形，表面光滑，具有金屬光澤，具卵蓋，初產時為黃白色，爾後漸漸轉為深古銅色。卵的周緣有突起物。產卵時常多粒產於一處，形成卵塊，各卵塊大小差異甚大，大者百餘粒，小者十多粒，多數介於 40-50 粒之間。

　　　　　　若蟲期：初孵化時全身呈鮮紅色，爾後觸角、胸部、口喙及腳等部位逐漸轉為暗紅色，但腹部依舊保持鮮紅色。二、三齡後開始捕食寄主，若蟲有五個齡期。

　　　　　　成蟲期：有翅，可飛行進行長距離捕食。

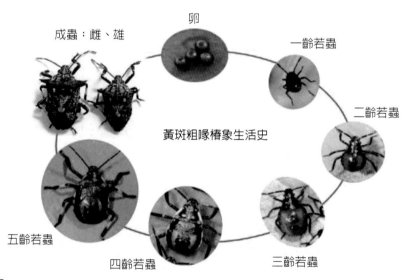

成蟲：雌、雄　　卵　　一齡若蟲

二齡若蟲

黃斑粗喙椿象生活史

五齡若蟲　　四齡若蟲　　三齡若蟲

生活史（農試所特刊第 142 號──作物蟲害非農藥防治資材）

使用方法　　將若蟲培育到第三齡，即可作為田間釋放之用。釋放時，將培養盤拿至田間，以毛筆或水彩筆將椿象若蟲挑放於植物上即可。以防治高麗菜紋白蝶幼蟲為例，每棵高麗菜上若有五隻害蟲，可釋放一隻三齡以上椿象，若為其他農作物，則應視害蟲密度再決定釋放椿象數目。通常椿象在田間可有效防治。

成蟲捕食斜紋夜蛾幼蟲

若蟲捕食小菜蛾繭

中文名稱　南方小黑花椿象

英文名稱　Southern little predacious anthocorid

學名名稱　*Orius strigicollis*

分類地位　半翅目花椿科

防治對象　薊馬、粉蝨、葉蟎、蝶蛾卵、蚜蟲。

　　　　　紅豆、茄子、甜椒、番茄、花胡瓜上。

生態習性　在田間中為常見的雜食性捕食者，可取食小型的節肢動物當作動物性營養來源，亦可取食植物汁液、花粉等植物性營養來源維持其生長發育。許多小黑花椿屬的研究資料主要應用於薊馬害蟲的防治，但小黑花椿象亦會捕食蚜蟲、粉蝨、葉蟎及一些小型鱗翅目幼蟲或卵，常在茄科、豆科、菊科和葫蘆科等作物上發現。

生　活　史　卵　期：溫度適宜時（25-27℃）卵約 3-4 天孵化，自卵發育為成蟲需時約 3 週。若蟲期：若蟲有五齡，初孵化的若蟲灰白色隨著齡期增長轉為淡黃色、橘紅色。卵發育為成蟲，夏天約需 10-14 天，冬天則需 14-20 天。

　　　　　成蟲期：雌蟲壽命約30天，雄蟲壽命約10餘天，一生產卵200-400粒。

使用方法　紅豆上釋放，防治薊馬，配合適時施用殺蟲劑的綜合防治，每分地每次釋放 2 萬隻小黑花椿象，釋放 4-5 次。

　　　　　茄子植株之大小，每週每株釋放 20-150 隻小黑花椿象，連續 8 週，自第 4-9 週，釋放區之南黃薊馬數量均低於對照區。

　　　　　草莓園釋放南方小黑花椿象適當時間為薊馬發生前 5-6 月育苗期及生長期 2 月上旬。釋放數量視草莓大小及薊馬密度，通常每株草莓維持 5-6 隻小黑椿若蟲或 2-3 隻成蟲的密度，可以達到良好的防治效果。

成蟲

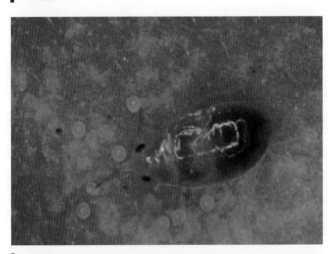

若蟲

捕食葉蟎

中文名稱	安平草蛉
	基徵草蛉
英文名稱	Green lacewings
學名名稱	*Mallada boninensis*
	Mallada basalis (Walker)
分類地位	脈翅目草蛉科
防治對象	介殼蟲類、蚜蟲類、木蝨、粉蝨、蛾類及蝶類的卵及幼蟲、葉蟎。
生態習性	草蛉的幼蟲一般通稱蚜獅，口器特化，形成兩根細長的彎管，可以刺入獵物體內，吸取體液。會將植物碎屑或獵物屍體等小碎物黏附在背上，以達到偽裝的效果。

生 活 史　　卵　期：4-5 天。

　　　　　　幼蟲期：約為 2 星期。最大的特徵是口器特化，形成兩根細長的彎管，可以刺入獵物體內，吸取體液。

　　　　　　蛹　期：1 星期。

　　　　　　成蟲期：一般都呈綠色，背部有黃色條紋，體形狹長纖細。複眼很大，呈現金屬光澤。翅有兩對，膜質透明，翅脈呈綠色或是棕黑色，基徵草蛉及安平草蛉成蟲可存活 3-4 個月。

使用方法　　將黏有草蛉卵粒的紙片掛在作物的枝條上，孵化的幼蟲會散到植株四周捕食害蟲及害蟎，防治蚜蟲、介殼蟲時則最好施放一齡或二齡幼蟲效果較佳。

成蟲

卵

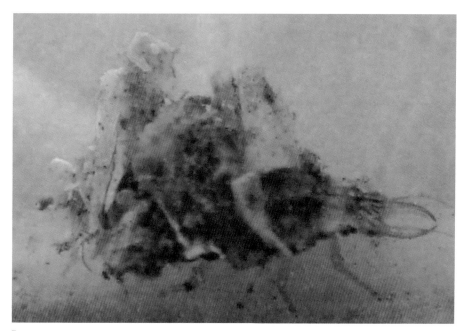

▌ 幼蟲

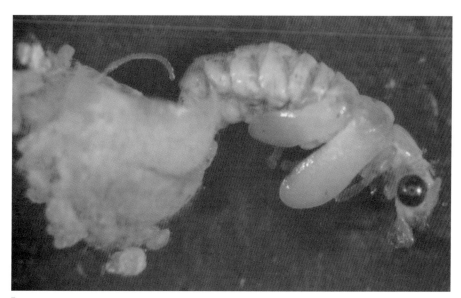

▌ 蛹

中文名稱　菸盲椿象

學名名稱　*Nesidiocoris tenuis* (Reuter, 1895)

分類地位　半翅目盲椿科

防治對象　粉蝨、蚜蟲、潛葉蠅幼蟲。

　　　　　柑橘潛葉蛾、柑橘木蝨、蚜蟲、粉介殼蟲及柑橘葉蟎、木瓜上神澤葉蟎、印度棗的柑橘葉蟎、草莓的二點葉蟎、玫瑰的二點葉蟎。

生態習性　菸盲椿象是一種以肉食為主兼食植物的雜食性昆蟲，菸盲椿象對微小體型害蟲如粉蝨、蚜蟲、潛葉蠅幼蟲等具良好的取食作用，尤其對於粉蝨類害蟲，因此常被使用在溫網室內作為害蟲的天敵。

生活史　　卵　期：約7天。

　　　　　若蟲期：約13天，有三個齡期。

　　　　　成蟲期：可產生後代若蟲介於5-64隻。

　　　　　　　　　體長3.5-3.8公厘，小型，體色淡褐色具綠色分布，觸角第一節端部白色，小楯片前半顏色較深，革質翅端具不明顯的褐色斑。

使用方法　菸盲椿象均勻灑布於田間，或是在害蟲發生較嚴重的區域加強施放，施放置田間的菸盲椿象可自行捕食、散布與繁殖。

　　　　　預防時使用：每平方米施放1-2隻（每分地使用1-4瓶），每2週施放一次，直到天敵在田間建立族群；若溫室周圍粉蝨入侵風險較高，則每週施放一次，直到天敵族群在田間建立。

　　　　　害蟲多時：視田間害蟲數量而定，每平方米施放5-10隻（每分地使用7-14瓶），每週施放一次，直到害蟲數量下降至不危害作物的數量。

注意事項　菸盲椿象為雜食性昆蟲，數量過多時（新稍、嫩莖上多於10隻）可能會造成植物傷害。可種植芝麻吸引其聚集取食。

若蟲

成蟲（陳昇寬）

成蟲（吳雅芳）

中文名稱	煙蚜繭蜂
學名名稱	*Aphidius gifuensis*
分類地位	膜翅目蚜繭蜂科
防治對象	蚜蟲。

生態習性　一隻成熟雌性蚜繭蜂的體內孕育著數百粒卵，它會在生命結束前為卵找到合適的寄主——蚜蟲。產卵期間，雌蜂一邊爬行一邊用觸角輕輕敲打植物表面，通過觸角上的嗅覺感受器尋找蚜蟲留下的氣息，並在氣味的引導下一路追蹤，直到發現蚜蟲。

生　活　史　卵　　期：成年的雌蜂將卵產於蚜蟲體內。

　　　　　　幼蟲期：蚜繭蜂卵孵化後取食蚜蟲體內的組織和器官，蚜蟲僵化形成殭蚜（木乃伊狀）。蚜繭蜂幼蟲在殭蚜的腹面咬一小孔，從絲腺中分泌出黏膠物質將殭蚜黏在植物上。然後，幼蟲在殭蚜體腔內藉助體表的細突轉動吐絲結繭化蛹。

　　　　　　成蟲期：成蜂由殭蚜表面咬破繭羽化飛出，繼續尋找蚜蟲寄生。

使用方法　把附著殭蚜的葉片少量多次連續散放到煙田。不久，殭蚜裡的蚜繭蜂就會羽化飛出，繼續尋找蚜蟲產卵寄生。

　　　　　　煙蚜繭蜂成蟲喜歡在植株中下部葉片活動，下午 1-2 點是其在植株中下部活動的高峰期。煙蚜繭蜂對植株下部葉片上蚜蟲的較強選擇性與煙蚜密度無關，下部葉片上的殭蚜數量均顯著高於中、上和頂部。下午 1-2 點時，利用生物農藥對煙株上部葉片上的煙蚜進行防治，既是煙蚜繭蜂與生物農藥集成組裝的切合點，又是保護利用田間煙蚜繭蜂的有效措施。

煙蚜繭蜂成蟲（楊宇宏）

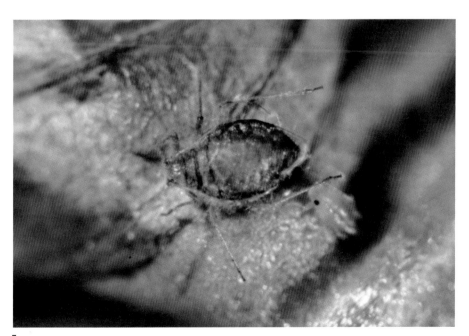

被寄生的蚜蟲（楊宇宏）

中文名稱	赤眼卵蜂
學名名稱	*Trichogramma ostriniae*
分類地位	膜翅目卵寄生蜂科
防治對象	亞洲玉米螟（*Ostrinia furnacalis*）。

生態習性 　根據赤眼卵蜂有效飛行距離在 10 公尺內，赤眼卵蜂經施放後，數天內便會羽化出成蜂，隨後產卵寄生於害蟲卵，約 1 週後又再產生成蜂，可自行於田間建立維持族群，並持續孵化寄生於害蟲卵，直到作物收成宿主消失，屬於長效型生物防治天敵。

生 活 史　卵　期：卵期 1 天。

幼蟲期：幼蟲期 1-2 天，體白色。

前蛹期：2-3 天，始呈現黑色；蛹期 3-4 天。

成蟲期：成蟲羽化後可存活 2 天左右。全年最多可發生 4-50 代。

使用方法　於株高 15-20 公分（播種後 20-25 天），開始釋放玉米螟寄生蜂片一次，後每隔 4-5 天再釋放一次，每次每公頃釋放蜂片 150 片。釋放蜂片之行距 6 公尺（八行），行上蜂片與蜂片之距離亦為 6 公尺（約八步），將蜂片卵面朝外，用釘書機釘於葉片背面靠中脈彎垂處，次日寄生蜂即羽化飛出尋找玉米螟卵粒寄生。蜂片釋放時如遇雨天或惡劣天候，應暫停釋放，並將蜂片暫存此冰箱，等候天氣放晴再行釋放。

赤眼卵蜂卵片

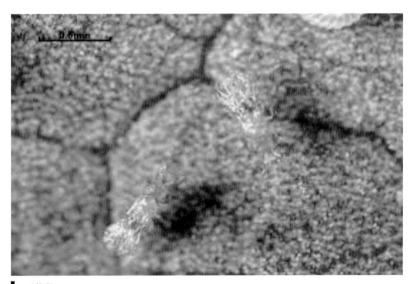

成蟲

中文名稱	食蚜虻
學名名稱	*Epistrophe grossulariae*
分類地位	雙翅目食蚜蠅科
防治對象	蚜蟲。
生態習性	食蚜蠅就是無毒者模仿有毒者的成功案例。通過偽裝成有螫針的蜜蜂，食蚜蠅就能夠安心暴露在花朵上。獵食蚜蟲的食蚜蠅幼蟲是蚜蟲的天敵，是一種益蟲。食蚜虻幼蟲最主要的食物是蚜蟲。幼蟲生活在蚜蟲群當中，緩緩的行動。碰到了更遲緩的蚜蟲之後，就用口器叼住蚜蟲，吸乾體液，最後就將空殼拋棄掉。
生活史	卵　期：1-2 天。
	幼蟲期：在夏天，食蚜虻幼蟲期是 6-8 天。
	蛹　期：5-7 天。
	成蟲期：羽化的成蟲在 4 天之內就可以產卵，產卵期約 20 天，每天可以產下數十粒的卵，單日產卵量最高 90 多粒。
使用方法	在網室內的作物，整個作物生長期只要恰當的釋放數次食蚜虻就可以有效的防治蚜蟲。只要利用開花的植物，就可以將食蚜虻成蟲長期留在作物區中，有效的制止蚜蟲危害。維持一個生態環境以及防治成本都兼顧到的做法。

成蟲

幼蟲捕食蚜蟲

幼蟲

中文名稱	六條瓢蟲
學名名稱	*Cheilomenes sexmaculata* (Fabricius, 1781)
分類地位	鞘翅目瓢蟲科
防治對象	蚜蟲。
生態習性	成蟲幼蟲常出現在有蚜蟲之植物上取食蚜蟲。
生 活 史	卵　期：黃色數顆聚集一起。

幼蟲期：幼蟲體色黑色，體背中央有白色縱斑，取食多種蚜蟲。

成蟲期：體長 4.5-5.5 公厘，前胸背板黑色，前緣及側緣白色，中央的黑色呈突角狀，翅鞘紅色，左右各三條橫向排列長短不一的黑斑。本種又稱六斑月瓢蟲。

使用方法	直接釋放。

▌ 成蟲

▌ 卵

中文名稱　後斑瓢蟲

學名名稱　*Scymnus posticalis* (Sicard)

分類地位　鞘翅目瓢蟲科

防治對象　蚜蟲。

生態習性　分布於低海拔山區，曾見於龍眼樹棲息，肉食性。

生活史　卵　期：幼蟲期幼蟲體背具白色的棘突，左右呈縱向排列，類似粉介殼蟲幼蟲，取食蚜蟲。

　　　　成蟲期：體長約 1.9-3 公厘，體色黑色密布灰白色短毛，翅鞘黑色末端褐色，雌、雄頭額顏色各異，雄棕色，雌黑色，雄蟲翅鞘前緣有一枚黃色小斑，翅末端各腳黃褐色。

幼蟲

成蟲

中文名稱	十斑大瓢蟲
學名名稱	*Megalocaria dilatata* (Fabricius, 1775)
分類地位	鞘翅目瓢蟲科
防治對象	竹葉扁蚜。
生態習性	本屬一種，體型跟大十三星瓢蟲一樣，分布於低海拔山區，常棲息於竹林。肉食性，不普遍。

生　活　史　　卵　期：不詳。

幼蟲期：幼蟲頭部黃色，扁平，腹部有兩條黃色橫帶，以獵捕竹葉扁蚜為食。

成蟲期：體長 11.2 公厘，體色橙紅色，本種體型較大，外觀左右各具五個斑點，頭部的兩枚斑點分離，小十三星瓢蟲左右各有六枚斑點，兩翅端部間有一枚黑斑，頭部的兩枚斑點極靠近或相連。是臺灣最大的瓢蟲之一，成蟲也常出現於竹林。

使用方法　　保護天敵，避免用藥。

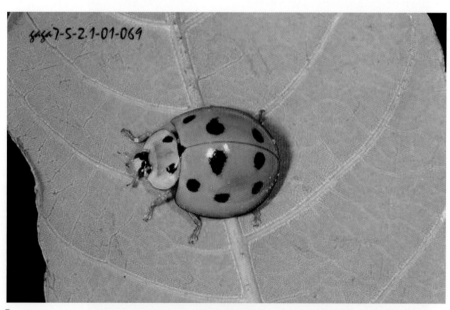

成蟲（http://gaga.biodiv.tw/9507bx/028.htm）

卵（金門縣林務局）

幼蟲

老熟幼蟲

中文名稱　懸繭姬蜂

學名名稱　*Charops*

分類地位　膜翅目姬蜂科

防治對象　鱗翅目幼蟲。

生態習性　母蟲飛行於田間，將卵產於鱗翅目幼蟲體內，取食殆盡後穿出寄主吐絲結繭懸吊於空中。

生　活　史　卵　　期：由母蜂將卵產於鱗翅目幼蟲體內。

幼蟲期：幼蟲孵化後取食寄主昆蟲，直到老熟後鑽出體外吐絲結繭呈圓筒狀，並錘絲懸吊於空中。

成蟲期：觸角絲狀，胸部黑色，翅透明膜質，腹部前兩節細長，其後五節膨大，末一節具產卵管。

使用方法　如發現懸繭，將其保留於田間，勿將其摘除。

成蟲及繭

中文名稱	馬尼拉小繭蜂
學名名稱	*Snellenius manilae* (Ashmead)
分類地位	膜翅目小繭蜂科
防治對象	專以夜蛾屬（*Spodoptera*）蛾類為寄主。其已知寄主為甜菜夜蛾（*S. exigua*）、斜紋夜蛾（*S. litura*）以及秋行軍蟲（*S. frugiperda*）等。
生態習性	雌成蟲將卵產於寄主體內，幼蟲在寄主體內發育並以其組織為食，待即將化蛹時始鑽出寄主體表，於寄主作物葉片上結繭，於繭內化蛹。羽化後行自由生活，並行交尾、產卵。
生 活 史	卵　　期：馬尼拉小繭蜂雌蜂平均可產下 214.4 個後代。
	幼蟲期：寄生蜂幼蟲於寄主體內發育約 12-15 天，即會鑽出寄主體外吐絲結繭。
	蛹　　期：5-10 天。
	成蟲期：其中有 64% 的卵會集中在成蜂羽化之後的前 4 天產下。
使用方法	以斜紋夜蛾為寄主時，最適合馬尼拉小繭蜂發育的寄主齡期為二齡之斜紋夜蛾，適合的溫度為 25-30℃。

繭

▌ 成蟲

▌ 被寄生幼蟲

中文名稱	彎尾姬蜂
學名名稱	*Diadegma semiclausum* (Hellen)
分類地位	膜翅目姬蜂科
防治對象	小菜蛾。
生態習性	為小菜蛾幼蟲寄生蜂，1985 年由亞洲蔬菜研究發展中心（AVRDC）自印尼引進，1986 年於武陵地區釋放成蜂，1988 年調查顯示已在當地立足。如被引入只有 150-300 隻成蟲被釋放，即可建立其族群。並殺死了多達 70% 或更多的害蟲種群。從釋放地點可散布 15-30 公里。
生活史	卵　期：通常是產幼蟲。 幼蟲期：12-16 天。 成蟲期：25 天。

▍寄生產卵

中文名稱　香蕉弄蝶絨繭蜂

學名名稱　*Cotesia erionotae* (Wilkinson)

分類地位　膜翅目小繭蜂科

防治對象　香蕉弄蝶。

生態習性　1987 年自夏威夷引進香蕉弄蝶絨繭蜂飼育，並釋放以防治香蕉弄蝶。
　　　　　在自然界約有 10-80% 幼蟲被寄生，寄生蜂幼蟲通常在第五齡的弄蝶
　　　　　幼蟲期才鑽出體外化繭。

生 活 史　卵　期：雌蟲產卵於弄蝶幼蟲體內。

　　　　　幼蟲期：在寄主體內取食發育至老熟。

　　　　　蛹　期：於弄蝶幼蟲發育至五齡時，老熟幼蟲鑽出寄主體外吐絲結繭
　　　　　　　　　化蛹。

　　　　　成蟲期：成蟲寄生蜂羽化後飛離，尋找弄蝶幼蟲進行產卵寄生。

使用方法　將寄生之蟲繭吊掛於蕉園中。

▋　成蟲

弄蝶幼蟲被寄生

寄生蜂幼蟲鑽出蟲體

寄生蜂幼蟲

中文名稱　小菜蛾絨繭蜂

學名名稱　*Cotesia plutellae* (Kurdjumov)

分類地位　膜翅目繭蜂科

防治對象　小菜蛾。

生態習性　本地種小繭蜂科之菜蛾絨繭蜂（*Cotesia plutellae* (Kurdjumov)）在低海拔地區有相當高之寄生率。田間應用評估發現，由溫網室及開放田間釋放菜蛾絨繭蜂，完全不施藥及選用毒性較低藥劑之試驗區，均可有效壓制小菜蛾，唯其他害蟲仍需使用藥劑進行防治。

生活史　卵　期：1.5-2 天。

　　　　幼蟲期：9.5 天，一至四齡分別 2.5、1、2、4 天。

　　　　蛹　期：前蛹 2 天，蛹 5 天。

　　　　成蟲期：10 天。

使用方法　將被寄生之蟲體散布田間或釋放寄生蜂成蟲。

▌ 絨繭蜂結繭

被寄生的幼蟲及繭

中文名稱	菜蝶絨繭蜂
學名名稱	*Cotesia glomerata*
分類地位	膜翅目繭蜂科
防治對象	菜粉蝶（*Pieris rapae*）、擬尺蠖（*Trichoplusia ni*）。
生態習性	雌繭蜂在宿主的幼蟲或卵中產一個或多個卵。幼蟲至少在化蛹前一直寄生於宿主。化蛹可在宿主體內，或附在體壁上，或離開宿主而在葉或莖上。在一個宿主體內的幼蟲可多達約 150 隻。 菜蝶絨繭蜂若以二齡的日本紋白蝶幼蟲為寄主，可獲得較多的繭數，平均繭數為 36.92±2.70 個。
生 活 史	卵　期：由雌蟲產卵於寄主體內。 幼蟲期：卵在寄主體內孵化，幼蟲取食寄主直到化蛹前穿出寄主體外結繭化蛹，幼蟲期平均日數為 16.92±0.31 天。 蛹　期：蛹期平均日數為 8.58±0.10 天。 成蟲期：前翅僅一根回脈，腹部較短，較小型的寄生性細腰亞目蜂類。
使用方法	蒐集被寄生之蟲繭，均勻擺置於菜園讓其分散寄生，並減少殺蟲劑之使用。

▍成蟲

產卵寄生蜂

鑽出蟲體結繭

老熟幼蟲體外結繭

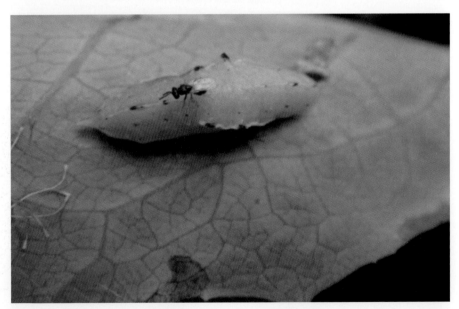

寄生產卵

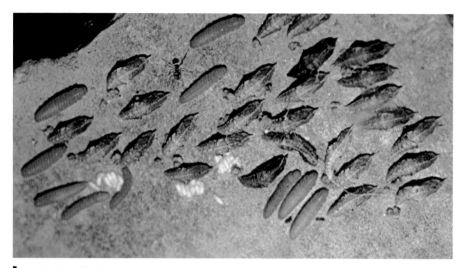

被寄生的蛹體

中文名稱	平腹小蜂
學名名稱	*Anastatus fulloi, Anastatus japonicus*
分類地位	膜翅目旋小蜂科
防治對象	荔枝椿象。
生態習性	小蜂會將卵寄生於荔枝椿象卵內，使其無法孵化而死亡，以降低田間的族群數量。

生　活　史　　卵　期：不詳。

幼蟲期：每顆荔枝椿象卵僅能羽化出一隻寄生蜂，於室溫 25℃ 下羽化約需 18-20 天。

成蟲期：成蟲羽化後可立即交尾，雄蜂一般壽命約 5-6 天，雌蜂約 30-40 天，雌蜂產卵期約可長達 30 天，每產一粒卵約需 10-30 分鐘不等，一隻雌蟲一生約可寄生 200 多粒卵。平腹小蜂為本土性的寄生蜂，自然狀況下可於 5-6 月間寄生荔枝椿象，蜂雌雄成蟲之性別比約 15：1，平均一隻平腹小蜂雌成蟲一生大約可產下 140 顆卵。

使用方法　　平腹小蜂羽化 5-7 天，為最佳的寄生狀況，農民僅需將盒蓋打開，平腹小蜂會自行飛出，於田間尋找荔枝椿象的卵進行寄生，因釋放時機會影響寄生效果，建議農民選擇天氣良好、無風雨的時間釋放。

荔枝椿象卵塊

平腹小蜂成蟲

中文名稱	闊腹螳螂
學名名稱	*Hierodula patellifera*
分類地位	螳螂目斧螳科
防治對象	夜蛾、蛾類、蚱蜢、蝶類、蟬。
生態習性	螳螂基節很長，腿節和脛節內側具排刺，型態呈鐮刀狀，通稱「捕足腳」善於捕捉獵物。

生　活　史　卵　期：雌蟲產卵會分泌泡狀物質附著於植物上叫「螵蛸」。

　　　　　　　若蟲期：若蟲中、後足腿節末端及節間有明顯的褐色斑，斑型變異較多。若蟲為 7-8 齡，體長為 7-42.5 公厘。初期為預若期，剛孵出之若蟲，體軀溼潤，胸部淡綠色，腹部淡黃色，漸為淡褐色，四至五齡開始顯現翅芽。

　　　　　　　成蟲期：體長 50-70 公厘，體色綠色、黃褐色或黑褐色等多型，頭部三角形，前胸背板寬長，一般腹部寬大，大多數個體翅背兩側各有一枚醒目的白色或黃褐色斑點，前足腿節外緣有三枚米黃色突起，腹面胸、腹間顏色近似不具褐色分布。雌雄斑形近似，一般雄蟲較小，尾毛四根，腹部八節，雌蟲體形和腹部都寬大，尾毛只見兩根，腹部末兩節癒合呈外凸狀。

使用方法	50 平方公尺大苦瓜園釋放 50 隻螳螂可有效降低害蟲危害。

▍卵鞘

▍雌成蟲

▍初孵化若蟲

捕食中

中文名稱　寄生蠅

學名名稱　不詳

分類地位　雙翅目寄蠅科

防治對象　鱗翅目。

生態習性　大部分寄生蠅的幼蟲是寄生捕食，即會在生物體內生長，最終殺死寄
　　　　　主；少部分則是寄生的，即不會殺死寄主。牠們會寄生在蝴蝶及蛾的
　　　　　毛蟲、甲蟲成蟲及幼蟲的體內。所以寄生蠅是害蟲的天敵，一些物種
　　　　　甚至可作為生物防治資材。

生　活　史　雌蠅將卵透過產卵管放入寄主的體內，待幼蟲孵化後取食寄主組織，
　　　　　成熟時老熟幼蟲鑽出寄主體外化蛹，羽化為成蟲，再尋找寄主進行寄
　　　　　生繁殖。

使用方法　蒐集蛹體待羽化後釋放田間。

▌ 幼蟲鑽出寄生化蛹（楊宇宏）

秋行軍蟲寄生蠅（楊宇宏）

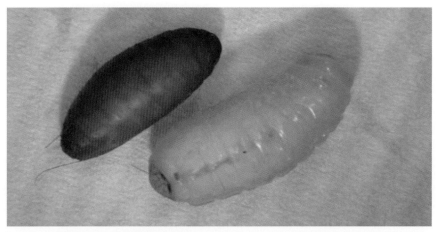

秋行軍蟲寄生蠅幼蟲及蛹

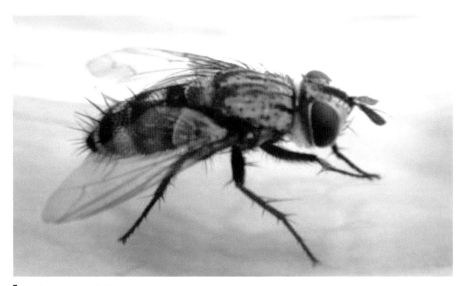

榕樹舞毒蛾寄生蠅

參考資料

王清玲、林鳳琪（1992）。黃色黏板誘捕非洲菊斑潛蠅（*Liriomyza trifolii* (Burgess)）之效果測定。**中華農業研究，41**(1)，61-69。

王清玲、林鳳琪（1997）。**台灣花木害蟲**。臺北：豐年社。

王雪香（1996）。黃條葉蚤（*Phyllotreta striolata* Fab.）在十字花科蔬菜之危害及防治。**桃園區農業改良場研究報告，25**，16-23。

朱耀沂、石正人、魯仲瑩（1982）。赤腳青銅金龜生態學之研究 I——利用誘蟲燈調查發生量之效果。**中華昆蟲，2**(l)，23-33。

朱耀沂、林水金、蔣時賢、吳文哲（1975）。作物施肥條件與害蟲的發生。**科學農業，23**，469-480。

朱耀沂（1987）。薊馬之物理防治。**中華昆蟲，1**，27-36。薊馬生物學研討會。

行政院農業委員會。二、蟲害，台灣農家要覽——植物保護篇（頁 1625-1785）。臺北：豐年社。

行政院農業委員會。台灣農家全書——**植物保護篇**。臺北：行政院農業委員會。

行政院農業委員會農業試驗所。**植物保護光碟**。取自 https://web.tari.gov.tw/techcd/

何琦琛、羅幹成（1992）。葉蟎之生物防治技術。**病蟲害非農藥防治技術研討會專刊**，15-29。臺中：中華植物保護學會。

呂佳宜（1994）。**蟲生線蟲**（*Steinernema carpocapsae*）之人工繁殖及其對斜紋夜盜（*Spodoptera litura*）與小菜蛾之致病力。臺中：國立中興大學昆蟲學研究所碩士論文。54 頁。

李小峰、王國漢（1990）。昆蟲病原線蟲對黃曲條跳甲幼蟲防治的初步研究。**植物保護學報，17**，229-231。

李平全、侯豐男（1989）。黑殭菌培養及大量生產之研究。**植物保護學會會刊，31**，10-20。

李錫山（1953）。蔬菜主要害蟲——黃條葉蚤之發生消長及其防治試驗。**農業研究，4**(3)，30-35。

周桃美（1987）。**蘇力菌防治小菜蛾之研究**。臺中：國立中興大學昆蟲學研究所碩

士論文，44 頁。

易希陶（1971）。**經濟昆蟲學（下篇各論）**。臺北：國立編譯館。464 頁。

易希陶（1977）。**經濟昆蟲學上篇**，268-288。臺北：國立編譯館。

林珪瑞（2002）。**臺灣和中國大陸果樹害蟲名錄**。臺中：行政院農業委員會農業試
驗所。163 頁。

林鳳琪、王清玲（1989）。非洲菊斑潛蠅之田間偵測。**中華昆蟲**，**4**，59-69。蔬菜
害蟲綜合防治研討會。

林鳳琪、蘇宗宏、王清玲（1997）。溫度對銀葉粉蝨（*Bemisia argentifolii* Bellows
& Perring）發育與繁殖之影響及其在聖誕紅之發生。**中華昆蟲**，**17**，66-79。

邱瑞珍（1985）。玉米螟生物防治問題之探討。**台灣農業**，**21**，71-78。

侯有明、龐雄飛、梁廣文（2001）。局部施用斯氏線蟲對黃曲條跳甲的控制效應。
植物保護學報，**28**，151-156。

侯豐男（1977）。**害蟲寄生性微生物在害蟲防治上之利用**。蟲害防治研討會。

段淑人、趙裕展、侯豐男（1997）。加州苜蓿夜蛾合多角體病毒對台灣九種鱗翅目
害蟲之致病力。**中華昆蟲**，**17**，209-225。

唐立正（1996）。玫瑰花蟲害及防治。**興大農業**，**19**，19-24。

唐立正、侯豐男（1996）。蟲生病原於害蟲管理體系之應用。**興大農業**，**16**，21-
24。

唐立正、陳本源（1996）。**重要蔬菜害蟲圖說**。臺中：國立中興大學農學院農業推
廣中心。30 頁。

唐立正、蘇宗宏（1986）。斜紋夜蛾合成性費洛蒙之田間試驗──II. 訊息擾亂。
興大昆蟲學報，**19**，63-68。

唐立正、蘇宗宏（1988）。斜紋夜蛾合成性費洛蒙之田間試驗──I. 大量誘捕。**中
華昆蟲**，**8**，11-22。

唐欣潔（1998）。**綠殭菌感染甜菜夜蛾之研究**。臺中：國立中興大學昆蟲學研究所
碩士論文。55 頁。

翁振宇、陳淑佩、周樑鎰（1999）。**台灣常見介殼蟲圖鑑**。臺中：行政院農業委員
會農業試驗所。98 頁。

貢穀紳（1977）。不孕性昆蟲與昆蟲防治。**蟲害防治研討會專刊**，85-108。

高橋良一（1942）。ラック介殼蟲の臺灣への輸入。**臺灣農事報，38**，685-692。

高橋良一（1942）。臺灣に於けるラック介殼蟲の飼育試驗（第一報）。**臺灣農事報，38**，755-769。

高穗生、蔡勇勝（1995）。蟲生病原眞菌在害蟲防治上之利用。**藥試所專題報導，39**，1-16。

國立屏東農專植物保護科（1987）。**熱帶作物病蟲害圖鑑（二）**。屏東：國立屏東農專植物保護科。

張念台（2002）。植物防疫檢疫重要薊馬類害蟲簡介。**植物重要防疫檢疫害診斷鑑定研習會專刊之二**，35-96。

張茂新、梁廣文（2000）。斯氏線蟲對黃曲條跳甲種群系統控制研究。**植物保護學報，27**，333-337。

章加寶（1980）。**瓜蠅之實驗生態學**。臺中：國立中興大學昆蟲學研究所碩士論文。65頁。

章加寶（1987）。台灣中部地區葡萄咖啡木蠹蛾的族群變動調查。**植物保護學會會刊，29**，53-60。

章加寶（1988）。利用寶特瓶防治葡萄園扁蝸牛。**豐年，38**(14)，32-33。

章加寶（2011）。天敵在有機農業害蟲防治上的利用。**農業生技產業季刊，28**，41-47。

許如君、林清山、黃毓斌、黃莉欣（2017）。因應新登記用藥及平腹小蜂的釋放保護。**農業世界雜誌，403**，10-17。

許洞慶、柯俊成（2003）。重要防疫檢疫蚜蟲類害蟲簡介。**植物重要防疫檢疫害蟲診斷鑑定研習會專刊（三）**，55-62。

郭美華（2002）。蘋果蚜在梨樹上之空間分布與族群變動。**植物保護學會會刊，44**，329-340。

陳仁昭（2002）。**臺灣大陸兩地常見果樹害蟲對照表**（頁893）。屏東：屏東科技大學植物保護系。

陳文雄、張煥英（1999）。設施栽培蔬菜害蟲防治技術。**臺南區農業專訊，28**，

9-16。

陳武揚、陳慶忠、黃玉瓊、劉達修、方敏男、黃金助、柯忠德（1992）。豌豆害蟲調查及防治。**台灣農業，28**(3)，74-81。

陳建志、楊平世、范義彬、何逸民（1998）。金門國家公園昆蟲相調查研究。金門**國家公園管理處委託研究報告**。

陳秋男（1974）。利用寄生性昆蟲於蟲害管理之基本研究與考慮事項。**植物保護學會會刊，17**，21-28。

陳淑佩、翁振宇、吳文哲（2003）。重要防疫檢疫介殼蟲類害蟲簡介。**植物重要防疫檢疫害蟲診斷鑑定研習會專刊**(三)，1-54。

陳慶忠、施季芳、柯文華、黃彩鳳、林金樹（1991）。黃條葉蚤（*Phyllotreta striolata* (Fab.)）之生態及防治研究 (II) 發育期及田間族群消長。**植物保護學會會刊，33**，354-363。

陳慶忠、柯文華（1994）。黃條葉蚤之物理防治方法探討。**植物保護學會會刊，36**，167-176。

陳慶忠、柯文華、李建霖（1990）。黃條葉蚤之生態及防治研究 (I) 外部形態、飼養方法、生活習性及寄主植物調查。**臺中區農業改良場研究彙報，27**，37-48。

陶家駒（1966）。柑橘害蟲。**臺灣植物保護工作（昆蟲篇）**，154-156。

陶家駒（1976）。臺灣十字花科蔬菜害蟲相及其防治法之演變。**科學農業，24**(9-10)，400-402。

陶家駒（1990）。**臺灣省蚜虫誌**。臺北：臺灣省立博物館。

陶家駒、李錫山（1951）。黃條葉蚤藥劑防治試驗報告。**農業研究，2**(4)，61-67。

曾顯雄、吳文哲（1994）。台灣蟲生真菌資源之調查。**生物農藥研究與發展研討會專刊，10**，1-3。

馮海東、黃育仁、許如君（2000）。臺灣地區黃條葉蚤對殺蟲劑之感受性。**植物保護學會會刊，42**，67-72。

黃明樹、留淑娟（2006）。犀角金龜的飼育方法探討。**自然保育季刊，56**，41-46。

黃振聲（1987）。荔枝龍眼主要害蟲及防治。南投：臺灣省政府農林廳。26 頁 +19 圖。

黃振聲（1988）。荔枝及龍眼主要害蟲之生態及防治。中華昆蟲特刊第二號，33-42，果樹害蟲綜合防治研討會。

黃振聲、謝豐國（1981）。果樹膠蟲發生、生活史及形性研究。植物保護學會會刊，**23**(2)，103-115。

溫宏治、吳文哲（2011）。番石榴主要害蟲之生態與防治。臺中區農業改良場特刊，**108**，165-187。

葉金彰（1986）。台灣經濟作物主要害蟲圖鑑。興農雜誌叢書 (3)。148 頁。

廖哲毅（1999）。本地產蟲生線蟲（*Steinernema abbasi*）生物特性及對斜紋夜蛾（*Spodoptera litura*）致病力之測定。臺中：國立中興大學昆蟲學研究所碩士論文。58 頁。

蒲蟄龍、李增智（1996）。昆蟲真菌學。合肥：安徽科學技術出版社。715 頁。

蒲蟄龍（1978）。害蟲生物防治的原理和方法。北京：科學出版社。261 頁。

劉新生、吳學仁、趙春明、魏國樹、鄧天賦（1991）。應用斯氏線蟲防治梨象鼻蟲的研究。生物防治通報，**7**，166-168。

劉達修、王玉沙（1992）。非洲菊斑潛蠅（*Liriomyza trifolii* (Burgess)）之藥劑篩選及黃色黏板在防治上之應用。臺中區農業改良場研究彙報，**36**，7-16。

劉達修、吳文哲。劉添丁（1993）。數種非化學農藥防治法在永續農業害蟲防治上之應用。永續農業研討會專集，187-200。

鄭允、蔡永勝、高穗生、高清文、侯豐男（1992）。數種殺蟲劑對黑殭菌感染甜菜夜蛾之影響。植物保護學會會刊，**34**，216-226。

鄭文義（1977）。害蟲寄生性天敵在害蟲防治上之利用。蟲害防治研討會專刊，25-32。

鄭夙芬（2002）。白殭菌（*Beauveria bassiana*）感染甘藷蟻象（*Cylas formicarius*）之研究。臺中：國立中興大學昆蟲學研究所碩士論文。67 頁。

鄭清煥（1965）。作物抗蟲現象及其在害蟲防除上之利用價值。植物保護學會會刊，49-74。

鄭旗志、唐立正、侯豐男（1998）。蟲生線蟲（*Steinernema carpocapsae*）（線蟲綱：Steinernematidae）防治亞洲玉米螟（*Ostrinia furacalis*）（鱗翅目：螟蛾科）

之效力。**中華昆蟲**，**18**，51-60。

鄭旗志、唐立正、侯豐男（1999）。蟲生線蟲（*Steinernema carpocapsae*）
（Nematoda：Steinernematidae）膏劑的特性及在亞洲玉米螟（*Ostrinia furacalis*）（Lepidoptera：Pyralidae）防治上之應用。**中華昆蟲**，**19**，256-277。

蕭文鳳、林悅強（1995）。白殭菌對蔬菜田常用殺菌劑感受性之探討。**中華昆蟲**，**15**，295-304。

蕭文鳳、侯豐男（1994）。蟲生線蟲殺蟲劑在害蟲管理上之應用。**生物農藥研究與發展研討會專刊**，**11**，1-35。

顏耀平、黃振聲、洪巧珍、陳浩琪、賴貞秀（1988）。甜菜夜蛾（*Spodoptera exigua* Hübner）性費洛蒙之合成及其誘蟲之效果。**植物保護學會會刊**，**30**，303-309。

魏洪義、王國漢（1993）。斯氏線蟲對黃曲條跳甲田間種群的控制作用。**植物保護學報**，**20**，61-64。

羅如娟（2001）。**本土產蟲生線蟲**（*Steinernema abbasi*）**之人工培養**。臺中：國立中興大學昆蟲學研究所碩士論文。59頁。

羅幹成（1985a）。台灣葉蟎類及防治方法對其天敵之影響。中央研究院動物研究所專刊第三號「**昆蟲生態與防治**」，203-216。

羅幹成（1985b）。益蟎在害蟲生物防治之實例和潛力。**台灣農業**，**21**，66-70。

羅幹成（1997）。害蟲生物防治之回顧與展望。**植物保護學會會刊**，**39**，85-109。

羅幹成（1997）。捕食性天敵在臺灣的利用與展望。**中華昆蟲**，**10**，57-65。

羅幹成（2003）。球粉介殼蟲。**植物保護圖鑑系列** 9——柑橘保護（頁 25-28）。臺北：動植物防疫檢疫局。378頁。

羅幹成、邱瑞珍（1986）。臺灣柑橘害蟲及其天敵圖說。**臺灣農業試驗所特刊**，**20**，29-31。

羅幹成、陶家駒（1966）。臺灣柑橘球粉介殼蟲之天敵。**農業研究**，**15**(4)，53-56。

蘇文瀛、陳秋男、林文庚、林瑞芳、蔡湯瓊（1989）。蔥田甜菜夜蛾性費洛蒙之應用。**中華昆蟲**，**4**，199-213。重要蔬菜害蟲綜合防治研討會。

蘇智勇（1988）。數種農藥對白殭菌之影響。中華昆蟲，**8**，157-160。

蘇智勇（1991）。白殭菌防治甘藷蟻象。中華昆蟲，**11**，162-168。

Bellows, T. S. Jr., Perring, T. M., Gill, R. J., & Geadrick, D. H. (1994). Description of a species of Bemisia (Homoptera: Aleyrodidae). *Ann. Entomol. Soc. Amer.*, *87*, 195-206.

Chang, C. P., & Hsieh, F. K. (2005). Effects of different foods on the longevity and fecundity of *Mallada basalis* (Walker) adults (Neuroptera: Chrysopidae). *Formosan Entomol.*, *25*, 59-66.

Chang, C. P., & Hwang, S. C. (1995). Evaluation of the effectiveness of releasing green lacewing, *Mallada basalis* (Walker) for the control of tetranychid mites on strawberry. *Plant Prot. Bull.*, *37*, 41-58.

Chang, Y. F., Lee, N. S., & Taleker, N. S. (1982). Identification of sources of resistance to tomato fruitworm and beet armyworm in tomato. *Chinese J. Entomol.*, *2*(2), 103-104.

Liao, C. Y., Tang, L. C., Pai, C. F., Hsiao, W. F., Briscoe, B. R., & Hou, R. F. (2001). A new isolate of the entomopathogenic nematode, *Steinernema abbasi* (Nematoda: Steinernematidae). *Taiwan. J. Invertebr. Pathol.*, *77*, 78-80.

Tang, L. C., & Hou, R. F. (1998). Potential application of the entomopathogenic fungus, *Nomuraea rileyi*, for control of the corn earworm, *Helicoverpa argimera*. *Entomologia Exp. Appl.*, *88*, 25-30.

Tang, L. C., & Hou, R. F. (2001). Effects of environmental factors on virulence of the entomopathogenic fungus, *Nomuraea rileyi*, isolated from Taiwan. *J. Appl. Entomol.*, *125*, 243-248.

Tang, L. C., Cheng, D. J., & Hou, R. F. (1999). Virulence of the entomopathogenic fungus, *Nomuraea rileyi*, to various larval stages of the corn earworm, *Helicoverpa armigera* (Lepidoptera: Noctuidae). *App. Entomol. Zool.*, *34*, 399-403.

Tuan, S. J., Lin, Y. H., Peng, S. C., & Lai, W. H. (2016c). Predatory efficacy of *Orius strigicollis* (Hemiptera: Anthocoridae) against *Tetranychus urticae* (Acarina:

Tetranychidae) on strawberry. *Journal of Asia-Pacific Entomology*, *19*(1), 109-114.

Tuan, S. J., Tang, L. C., & Hou, R. F. (1989a). Control of *Heliothis armigera* in maize with a nuclear polyhydrosis virus. *App. Entomol. Zool.*, *24*, 186-192.

Tuan, S. J., Tang, L. C., & Hou, R. F. (1989b). Factors affecting pathogenicity of NPV preparations to the corn earworm, *Heliothis armigera*. *Entomophaga*, *34*, 541-549.

Tuan, S. J., Yang, C. M., Lin, Y. H., Lai, W. H., Ding, H. Y., Saska, P., & Peng, S. C. (2016b). Comparison of demographic parameters and predation rates of *Orius strigicollis* (Hemiptera: Anthocoridae) fed on eggs of *Tetranychus urticae* (Acari: Tetranychidae) and *Cadra cautella* (Lepidoptera: Pyralidae). *Journal of Economic Entomology*. doi: 10.1093/jee/tow099

Tuan, S. J., Yeh, C. C., Atlıhan, R., & Chi, H. (2016a). Linking life table and predation rate for biological control: A comparative study of *Eocanthecona furcellata* fed on *Spodoptera litura* and *Plutella xylostell*a. *Journal of Economic Entomology*, *109*(1), 13-24.

國家圖書館出版品預行編目(CIP)資料

作物害蟲圖說與天敵防治／唐立正，唐政綱，
段淑人編著. -- 初版. -- 臺北市：五南圖
書出版股份有限公司, 2023.11
面；　公分
ISBN 978-626-366-479-1(平裝)

1.CST: 植物病蟲害　2.CST: 農作物
3.CST: 天敵

433.4　　　　　　　　　　　112013231

5N59

作物害蟲圖說與天敵防治

作　　　者 — 唐立正、唐政綱、段淑人

發 行 人 — 楊榮川

總 經 理 — 楊士清

總 編 輯 — 楊秀麗

副總編輯 — 李貴年

責任編輯 — 何富珊

封面設計 — 姚孝慈

出 版 者 — 五南圖書出版股份有限公司

地　　　址：106台北市大安區和平東路二段339號4樓

電　　　話：(02)2705-5066　　傳　　真：(02)2706-6100

網　　　址：https://www.wunan.com.tw

電子郵件：wunan@wunan.com.tw

劃撥帳號：01068953

戶　　　名：五南圖書出版股份有限公司

法律顧問　林勝安律師

出版日期　2023年11月初版一刷

定　　　價　新臺幣580元

經典永恆・名著常在

五十週年的獻禮 —— 經典名著文庫

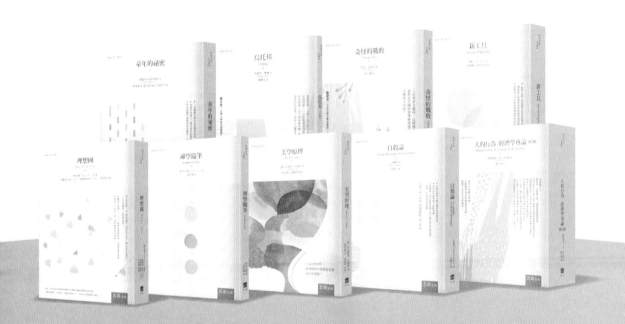

五南，五十年了，半個世紀，人生旅程的一大半，走過來了。

思索著，邁向百年的未來歷程，能為知識界、文化學術界作些什麼？

在速食文化的生態下，有什麼值得讓人雋永品味的？

歷代經典・當今名著，經過時間的洗禮，千錘百鍊，流傳至今，光芒耀人；

不僅使我們能領悟前人的智慧，同時也增深加廣我們思考的深度與視野。

我們決心投入巨資，有計畫的系統梳選，成立「經典名著文庫」，

希望收入古今中外思想性的、充滿睿智與獨見的經典、名著。

這是一項理想性的、永續性的巨大出版工程。

不在意讀者的眾寡，只考慮它的學術價值，力求完整展現先哲思想的軌跡；

為知識界開啟一片智慧之窗，營造一座百花綻放的世界文明公園，

任君遨遊、取菁吸蜜、嘉惠學子！